사진 & 일러스트로 보는 꿈의 자동차 기술 **Motor Fan** illustrated

Motor Fan

illustrated Vol. **22**

진화하는 디젤

Evolving  ngines

규제를 넘어서기 위한 기술역신이 디젤엔진을 진화시켜 왔다

디젤엔진의 기초 이론

GoldenBell
www.gbbook.co.kr

Motor Fan illustrated
Special Edition

CONTENTS

004 도해특집 진화하는 디젤

006   **Introdution**   규제를 넘어서기 위한 기술혁신이 디젤엔진을 진화시켜 왔다

008   **LATEST DIESEL ENGINE TECHNICAL DETAILS**

024   **Chapter 1**   디젤엔진의 기초이론

030   **Chapter 2**   연료분사장치

036   **Chapter 3**   과급장치

040   **Chapter 4**   배기 재순환

      044   COLUMN   전 세계의 수요를 충족시키기 위한 글로벌 파워 플랫폼을 기대한다

048   **Chapter 5**   배기 후처리

054   **Epilogue**
2035년의 클린디젤엔진은
배기량 1ℓ당 90kW의 최저속 회전형으로 변신

058 도해특집 열효율

060 Introdution 4행정 엔진만으로 이 세상은 충분할까?

062 Chapter 1 에너지를 이끌어내는 수단

070 Chapter 2 연료분사 시스템

074 COLUMN [새로운 제품에 대한 도전 1] 5행정 엔진

076 Chapter 3 고효율에 대한 도전

080 COLUMN [새로운 제품에 대한 도전 2] 스쿠데리(Scuderi) 엔진

085 COLUMN [새로운 제품에 대한 도전 3] 세라믹 엔진은 왜 사라졌나?

092 Epilogue
내연기관에 의존해야 하기 때문에... 적어도 향후 20~30년은...!

096 연료와 연료전지

096 Topic 1 「천연가스」의 점유율 상승

098 Topic 2 액체 일변도 해소를 위한 도전

100 Topic 3 연료가 골격설계를 바꾸는 시대

102 Topic 4 CNG 엔진을 통해 저온연소에 도전

104 Epilogue
열효율 50% 실현을 위해
『우리들이 해야 할 일은...?』

106 SPECIAL REPORT
연료전지는 세계를 구할 것인가?

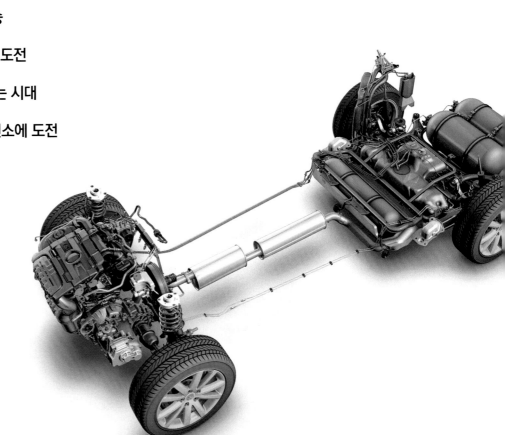

진화하는 디젤

도해특집

Evolution Theory of DIESEL ENGINE

최신 디젤 엔진 기술해설

본지가 창간호에서 『디젤 신시대』특집을 다룬 것이 2006년 10월.

당시 일본에서는 디젤엔진을 탑재한 차량이 거의 없는 상황이었다.

반면에, 유럽에서는 디젤차량이 과반수를 차지하는 전성기를 이루고 있었다.

그로부터 10여년. 시대는 크게 바뀌었다.

일본에서도 디젤엔진이 재평가되고, 선택폭이 넓어지면서 당연히 판매대수도 크게 증가하고 있다.

디젤이 재평가된 데에는 물론 이유가 있다.

확실하게 한 세대를 진화한 최신디젤은 이미 고도로 제어된 정밀 · 대(大) 토크 발생장치이다.

계속 강화될 것이 분명한 차기 규제에 대항하기 위한 준비도 진행 중이다.

진화하는 디젤. 진화방향과 그 기술을 살펴보자.

[취재협력] IAV/도요타자동차/후지중공업/스즈키/볼보/덴소

INTORDUCTION

더 깨끗하게, 더 낮은 연비로, 더 적은 소음으로

규제를 넘어서기 위한 기술혁신이 디젤엔진을 진화시켜 왔다

유럽 18개국에서는 작년까지, 약 640만대의 디젤 승용차가 판매되었으며, 승용차의 53%를 차지했다.
엄격한 배기가스 규제에 대한 대응으로 차량가격이 비싸지고 있지만, 디젤차량은 판매되고 있다. 왜일까?

본문 : 마키노 시게오   그림 : ACEA/아우디/보쉬

일본에서는 디젤엔진을 장착한 차량이 한 때 전무한 상태였다. 이시하라 도쿄도지사가 검은 이물질이 들어간 페트병을 들어올리며 「시민들이 이런 것을 호흡하고 있다」고 소리친 1999년 이후, 디젤엔진에는 「주홍글씨」이미지가 따라다녔다. 그러나 현재 일본에서 판매되고 있는 디젤엔진 승용차는 당시와는 전혀 다르다. 놀라우리만치 깨끗해졌고, 조용해졌으며 게다가 출력은 아주 강력하기까지 하다.

당초 이시하라주지사의 퍼포먼스는, 도쿄가 디젤엔진 배기가스에 의해 건강피해를 입은 주민들로부터 소송을 당한 배경이 있다. 피고인 도쿄는 「우리들도 곤혹스러워하고 있다」며 책임을 자동차 회사에 전가했다. 자동차 회사는 「배기가스 규제는 지키고 있다」고 말하는 수밖에 없었다. 2000년 이후, 일본의 디젤엔진 배기가스 규제는 점점 엄격하게 강화되어 「비용을 들여 개발해도 돈벌이가 안 되는」 상황이었다.

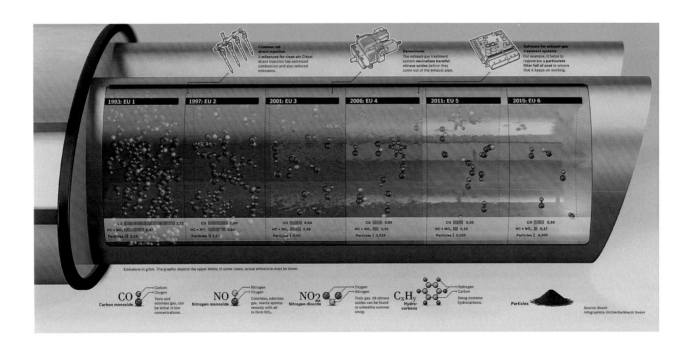

Emissions in g/km. The graphic depicts the upper limits; in some cases, actual emissions must be lower.

유해물질의 배출은 확실하게 감소되고 있다

93년의 유로1로 시작된, 강화된 유럽의 배기가스 규제는 2014년 9월에 유로6을 적용하기에 이르렀다. PM규제를 강화한 유로6b(제2단계) 규제가 2017년 가을부터 도입되는 것은 이미 결정된 사실이다. PM 0.0045g/km, NOx 0.08g/km라는 가혹한 수치로서, 더구나 EU에서는 CO_2배출규제인 CAFE(기업별 평균연비)제도까지 도입한다. 뒤늦게 배기가스 규제에 동참한 약점을 떨쳐내려는 듯이 유럽은 돌진하고 있다. 자동차 회사들은 저마다 어떤 대응책을 준비하고 있을까?

그러나 반면에, 열효율이 높아 같은 배기량으로 비교하면 가솔린엔진보다도 CO_2(이산화탄소) 배출량이 적은 디젤엔진은, 「지구온난화 방지」에 기여한다. CO_2 억제에 적극적인 유럽에서 21세기 디젤엔진은 발전해 왔다. 그 배경에는 원유를 증류하면 반드시 발생하는 경유를 그대로 사용하는 편이 좋다는 생각이 깔려 있다. 경유가 트럭과 버스 전용연료처럼 취급되면서 가솔린에 비해 수요가 적은 일본에서는, 경유성분을 한 번 더 개질(改質)하여 가솔린을 만든다. 이 단계에서는 필연적으로 CO_2가 발생한다. 유럽의 석유에너지 관계자들은 「그것은 본말전도」라고 생각하고 있다. 그래서 유럽에서는 가솔린차와 디젤차의 비율을 「적절한 상태」로 유지하려는 정책을 사용한다. 그 중 하나가 배기가스 규제이다.

디젤엔진 개발에서 유럽이 성취한 역할도 크다. 디젤엔진 역사를 쫓다보면 독일인 이름만 보이는 것을 알게 된다. 원래 디젤이란 루돌프 디젤(Rudolf Diesel)의 성으로서, 그가 1893년에 디젤 사이클 특허를 취득했다. 내연기관 연구는 19세기 후반에 꽃피웠는데, 그 중심은 독일이었다. 영국에서는 기본적인 개념이 생겨났고, 프랑스에서는 가솔린자동차보다 앞서 전기자동차가 탄생했지만, 지금 우리들이 「엔진」이라고 부르는 자동차 내연기관은 독일인들의 손에 의해 발명된 것이다.

우연이라고는 하지만 매우 흥미진진한 상황이 디젤 사이클 발명으로부터 100년 후인 1993년에 일어났다. 유럽에서 모든 신규생산차량을 대상으로 한 배기가스 규제가 시작되었다. 일본에서 「자동차배기가스기본법」이 성립된 것은 1970년으로, 그때까지 법적 근거가 없는 행정지도였던 「배기가스규제」가 법제화되었다. 유럽에서 최초의 통일된 배기가스규제인 「유로1(EU0라고도 한다.)」은 그로부터 23년이 지나서야 실시되었다. 덧붙이자면, 일본을 규제로 이끈 것은 미

최신 디젤은 그 스타일도 아름답다

프랑스 VALEO 제품의 전동 슈퍼차저와 거대한 인터쿨러를 장착한 최신엔진. 본체는 점점 작아지고 보조장치들은 늘어나는 경향은 가솔린엔진과 똑같다. 최신 장치를 사용한 최신 엔진은 기능미까지 뛰어나다.

국 상원에서 애드먼드 머스키가 의회에 제출한 대기오염방지법안(머스키법안)이었다. 자동차 문화가 가져온 부정적인 측면은 먼저 미국에서 문제가 되고, 간발의 차로 국토가 좁아 인구가 밀집된 일본으로 전파되었다. 그 무렵의 유럽은 아직 심각한 대기오염에는 고민하지 않았다.

배기가스 규제로 인해 역경에 처한 디젤엔진을 구출한 것은 기술자들의 지혜와 노력이었다. 「규제가 없었다면 여기까지 오지 못했을 것이다」라는 말은, 분명 말 그대로이다. 하지만 규제에 맞서고 규제를 극복한 것은 연구개발에 따른 노력이다. 규제수준이 달성되면 다시 엄격한 새로운 규제를 도입하여 디젤엔진을 곤경에 몰아넣는, 어떤 의미로 이미 정해진 것 같은 「술래잡기」가 현재도 계속되고 있다.

앞 페이지의 그림은 유로 배기가스 규제의 발자취

이다. 1993년 실시된 「유로1」부터 현재의 「유로6(정확하게는 6a)」에 이르기까지, 확실히 유해물질 배출은 감소되었다. 「이 규제를 만족하는 것은 매우 험난하다」고 여겨졌을 때도 마치 드라마 같이 반드시 영웅이 나타나 위기를 극복해 왔다. 그 역사를 EU 선행 가맹 15개국과 EFTA(유럽자유무역권) 3개국을 합한 디젤엔진차량 판매대수에 겹쳐 놓은 것이 아래 그래프이다. 새로운 장치가 실용화되어 규제를 통과하면 판매대수는 다시 늘어난다. 이런 경향이 93년 배기가스 규제도입부터 계속 이어지고 있다. 2014년에는 3년 만에 디젤엔진 차량의 판매비율이 상승하면서 승용차 전체의 53%를 차지했다.

그런 「인기 디젤엔진」의 기초지식과 현재의 상황을 다음 페이지부터 설명하기로 한다.

반드시 나타나 디젤엔진을 구출하는 새로운 「장치」

앞 페이지의 「배기가스규제」와 합쳐서 이 그래프를 보면, 규제에 대응하면서 차량가격이 상승해도 디젤엔진 차량의 판매대수는 계속 증가하고 있는 것을 알 수 있다. 하락한 것은 2008년 가을의 리먼 쇼크 후 뿐이다. 3년 정도 전에 「이제 증가는 없다」고 언급되었지만, 2014년에는 3년 만에 증가했다. 매력이 넘치는 디젤엔진을 장착한 모델이 늘어났기 때문이다.

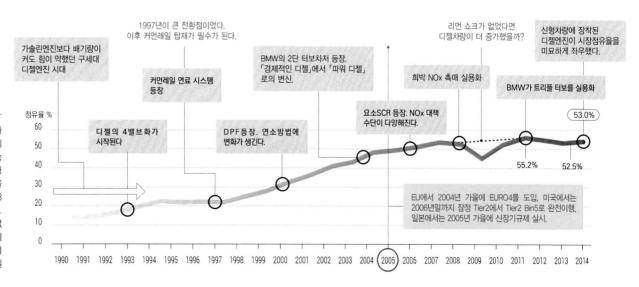

1997년이 큰 전환점이었다. 이후 커먼레일 탑재가 필수가 된다.

가솔린엔진보다 배기량이 커도 힘이 약했던 구세대 디젤엔진 시대

BMW의 2단 터보차저 등장. 「경제적인 디젤」에서 「파워 디젤」로의 변신.

리먼 쇼크가 없었다면 디젤차량이 더 증가했을까?

신형차량에 장착된 디젤엔진이 시장점유율을 미묘하게 좌우했다.

커먼레일 연료 시스템 등장

희박 NOx 촉매 실용화

BMW가 트리플 터보를 실용화

요소SCR 등장. NOx 대책 수단이 다양해진다.

디젤의 4밸브화가 시작된다

DPF등장. 연소방법에 변화가 생긴다.

점유율 %

53.0%

55.2% 52.5%

EU에서 2004년 가을에 EURO4를 도입, 미국에서는 2006년말까지 잠정 Tier2에서 Tier2 Bin5로 완전이행, 일본에서는 2005년 가을에 신장기규제 실시.

1990 1991 1992 1993 1994 1995 1996 1997 1998 1999 2000 2001 2002 2003 2004 (2005) 2006 2007 2008 2009 2010 2011 2012 2013 2014

TECHNICAL DETAILS

최신디젤엔진기술해설

엄격한 규제에 대응하기 위해 각 자동차 회사는 디젤엔진의 세대교체를 서두르고 있다.
더 정밀하게, 더 고정밀도로 진화하는 디젤엔진은, 동시에 다운사이징(Down Sizing) 흐름에도 편승하고 있다.
예전에는 V6, V8 디젤엔진도 드물지 않았지만, 현재는 주력 기종이 거의 1.5~2.0ℓ 직렬4기통으로 바뀌고 있다.
여기서는 각 자동차 생산회사의 최신 기종, 주목 기종에 대해 상세히 살펴보겠다.

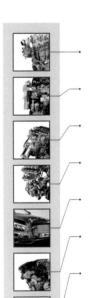

1 JAGUAR : INGENIUM DIESEL(2.0ℓ 직렬4)

2 TOYOTA : 1GD-FTV(2.8ℓ 직렬4)

3 VOLVO : DRIVE-E D4(2.0ℓ 직렬4)

4 BMW : B47(2.0ℓ 직렬4)/B37(1.5ℓ 직렬3)

5 DAIMLER : OM626(1.6ℓ 직렬4)

6 VOLKSWAGEN : 2.0 T야 EA288(2.0 직렬4)

7 MAZDA : SKYACTIV-D 1.5(1.5ℓ 직렬4)

8 SUZUKI : E08A(0.8 직렬2)

9 SUBARU : EE20(2.0ℓ 복서(Boxer)4)

일본에서 판매된 디젤엔진의 전체 제원

TECHNICAL DETAILS

1

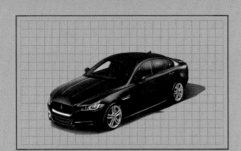

Jaguar XE

제원

형식	AJ200D Ingenium Diesel 180
엔진형식	직렬4기통DOHC
배기량	1999cc
내경×행정	83.0×92.4mm
압축비	15.5
연료공급시스템	1800bar(솔레노이드) 커먼레일
과급시스템	VG터보×1
가변동작밸브	EX:VVT
EGR	고압/저압(HP/LP)
최고출력	132kW/4000rpm
최대토크	430Nm/1750~2500rpm
배기후처리장치	DOC+DPF+SCR
배출가스규제	Euro 6

완전 자사개발 엔진은 신형 XE부터 탑재

5억 파운드를 투자해 잉글랜드 중부에 새로 지은 공장에서 생산되는 것이 「Ingenimu(인제니움)」이라고 명명된 2.0ℓ·직렬4기통 디젤엔진이다. 똑같은 펫네임, 똑같은 배기량의 가솔린엔진도 있어서 모듈러 구조를 사용한다. 디젤판 인제니움은 배기 쪽에 가변밸브 타이밍 기구를 장착. 이것은 냉시동 시의 난기성 확보가 주목적이다. 배출가스 규제나 연비향상에는 저압 냉각 EGR이나 요소SCR로 대응한다. 터보는 가변 지오메트리. 컴퓨터로 제어하는 오일펌프에 워터펌프와 같은 최신 단골 장치들을 실수 없이 장착했다. 실린더 헤드&블록은 알루미늄 제품. 저출력 버전(120kW)의 CO_2배출량은 99g/km이다.

JAGUAR

AD200D Injenium D

2.0ℓ 직렬4

[재규어의 모듈러 설계 최신 디젤]

2014년에 새로 건립한 공장에서, 완전 자사개발 디젤엔진과 가솔린엔진을 생산개시.
경량에 효율적이고, 출력과 토크를 부드럽게 전달하는 엔진을 목표로 백지상태에서 설계하였다.

본문 : 세라 고타   사진 : 재규어/MFi

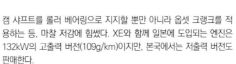

캠 샤프트를 롤러 베어링으로 지지할 뿐만 아니라 옵셋 크랭크를 적용하는 등, 마찰 저감에 힘썼다. XE와 함께 일본에 도입되는 엔진은 132kW의 고출력 버전(109g/km)이지만, 본국에서는 저출력 버전도 판매한다.

커넥팅 로드와 연결해 역방향으로 회전하는 밸런스 샤프트를 장착. 오일 섬프의 커버를 개선해 방사음을 줄이거나, 인젝터의 충격흡수에 신경을 쓰기도 했으며, 고압연료 펌프의 구동계통에 이용하는 스프로켓을 개선하는 등, 진동과 소음억제에 주력했다.

2

Land Cruiser Prado

제원

형식	1GD-FTV
엔진형식	직렬4기통DOHC
배기량	2754cc
내경×행정	92.0×103.6mm
압축비	15.6
연료공급시스템	2200bar(솔레노이드) 커먼레일
과급시스템	VG터보×1
가변동작밸브	EX:VVT
EGR	고압/저압(HP/LP)
최고출력	130kW/3400rpm
최대토크	450Nm/1600~2400rpm
배기후처리장치	DOC+DPF+SCR
배출가스규제	Euro 6

베테랑 기종 KD형식의 기능과 호평을 확실하게 담보하라

SUV/픽업트럭에 주로 탑재된 GD형식은 우리들에게도 익숙한, 말하자면 상용 자동차의 고성능 디젤엔진 버전이다. 오랜 세월에 걸쳐 전 세계의 호평을 받아온 선대 KD형식의 뒤를 잇는 만큼 긴 수명과 높은 내구성은 물론이고, 환경대응이나 성능 발휘에 이르기까지 전방위적으로 뛰어난 성능을 담아놓았다. 연소실이나 블록의 수로설계를 개선해 냉각손실을 줄였고, 포트배치에 따른 연소개선과 과급효율 향상, 각종 부품의 최적화 설계를 통한 기계손실 저감 등을 포함해, 최대 열효율은 44%, 200g/kWh의 최소 연료소비율을 자랑한다. 글로벌 시장에 투입하기 때문에 후처리장치에는 SCR을 사용했다.

TOYOTA

1GD-FTV

2.8ℓ 직렬4

[KD에서 GD로 진화한 도요타의 글로벌 디젤]

최첨단(State of the art) 엔진. 이 시점에서 도요타가 등장시킨 엔진이라면 누구나가 그렇게 생각할 것이다. 물론 성능은 세계 최고 수준이다. 하지만 지향하는 방향은 훨씬 광범위한 기종이다.

본문 : 만자와 료타로(MFi)　사진&그림 : 도요타

현재 상태에서는 세로배치+후륜구동이 주설계이다. 사진은 일본사양인 프라도의 엔진으로, 프런트 디퍼렌셜을 피하기 위하여 오일 팬이 크게 잘려나간 것이 특징이다. 피스톤 헤드면에 차열피막을 입혀 냉각손실을 크게 억제하는데 성공했다.

도요타의 디젤엔진으로 오랜만에 일본시장에 투입된 GD형식. 이 엔진을 탑재한 랜드크루저 프라도에 남들보다 먼저 탑승을 해본 모 취재기자는 「생각 외로 보통 엔진」이라는 감상을 나타낸바 있는데, 그도 그럴 것이 일본사양에서는 프라도에, 해외에서는 하이럭스에 탑재된 사실에서도 상상할 수 있듯이, 헤비 듀티 차량용 터프 유닛이라는 것이 도요타가 겨냥하는 방향성이기 때문이다. 선진국을 겨냥한 승용차용으로서는 직렬4기통인 AD형식, 똑같은 목적의 대배기량용으로는 V8기통인 VD형식이 이미 라인 업되어 있는 만큼, GD형식에는 글로벌 마켓에 있어서 똑같이 고성능을 향유할 수 있도록 하라는 과제가 주어졌다.

오랫동안 개선을 거치면서 진화해온 KD형식을 대체하는 엔진인 만큼, 당연히 근본적인 구조쇄신이 이루어졌다. 그 가운데 하나가 실린더 헤드의 흡배기포트 설계이다. KD형식의 강력 스월 설계포트에 대응하여 유량계수 향상에 무게를 두어, 극저회전일 때의 무과급 영역에서도 토크를 생성할 수 있는 설계라는 점이 특징이다. 그러기 위한 배기량이 2755cc이다. 유사 기종을 만드는데 있어서는 포트로부터의 가스유출

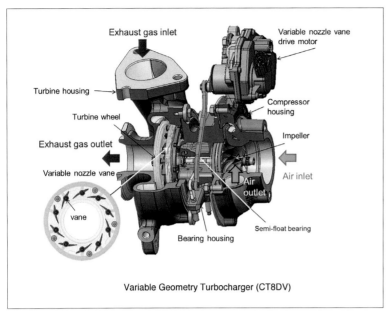

Variable Geometry Turbocharger (CT8DV)

디젤엔진의 성능을 크게 좌우하는 만큼 도요타는 가변용량 터보를 직접 생산하는 방식을 취했다. 터빈과 컴프레서 양 쪽의 휠 형상을 최적화해 고효율 과급을 달성한다. 가변 베인은 열 영향을 최소한으로 억제하는 설계로 만들어 간극을 적게하고, 어떤 식의 각도에서든지 간에 고효율을 추구했다.

연소개선의 핵심인 흡기포트 설계

KD형식(좌)은 와류이기 때문에 돌아서 들어가는 식의 흡기포트 설계. 여기에는 실린더 헤드의 스터드 볼트가 기통마다 6개가 사용되는 구조도 관련되어 있었다. GD형식(우)은 스터드볼트를 4개로 줄여 포트배치를 압력손실 최소화, 저유동(低流動) 설계로 만들었다.

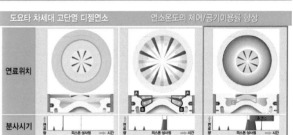

「연소설계」에 의한 개발공정 단축

종래의 개발은 「실제로 해봐서 과제를 추출한 다음 개량을 실시」하는 반복이었기 때문에 아무래도 많은 시간을 필요로 했다. 이번 개발에서는 「연소설계」라는 방법을 도입. 연비 제어요소로서의 열 발생시기, 연소음 제어요소로서의 열 발생률에 착안해 시뮬레이션을 이용함으로 분사시기와 분사회수, 분사량과 분사압력을 결정해 나갔다.

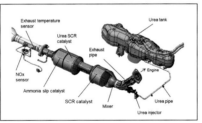

도요타 최초의 요소SCR 시스템을 탑재

터보 바로 뒤에 산화촉매/DPF를 사용해 처리한 다음, 그림에서 보는 시스템으로 배기가스가 유입된다. SCR촉매는 2단구조인데 최종단계는 암모니아 냄새를 제거하는 촉매로서, NOx 정화율 99% 이상을 자랑한다. 요소수를 보충하는 시점을 연료 주입 시점과 맞추는 방향에서 탱크 용량 등이 결정되었다.

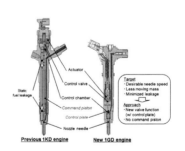

전 세계의 연료에 대응하는 커먼레일 시스템

KD형식에 비해 연료 유로 길이는 똑같으면서 커맨드 피스톤을 없앰으로서, 몸체가 아주 작아진 것을 알 수 있다. 이로 인해 누설량을 줄일 수 있었고, 그 결과 최고 분사압력을 2000bar에서 2500bar까지 높이고 있다(GD형식은 2200bar).

입과 연료분사, 연소 패턴은 고정요건으로 하고, 내경은 똑같이하고 행정을 단축시켜 2393cc로 하고 있다 (2GD-FTV).

포트 배관을 변경함에 따라 헤드볼트도 기통 당 4개로 줄여 체결면압의 일률화를 도모하는 한편, 헤드 개스킷에도 많은 개량이 반영되었다. 기존의 6개였던 헤드볼트를 4개로 줄였기 때문에, 높은 연소압력(상하변동)과 열팽창 차이(횡변이)에 대응하지 않으면 안된다. 블록은 주철제품으로, AD/VD와는 달리 클로즈드 데크(Closed Deck) 구조이다. 규제적으로는, 내

경의 내접원 부분에 그로밋 플레이트를 장착함으로서 층 형태의 개스킷 사이로 가스가 침입하는 것을 억제하는 동시에, 비드 플레이트를 2층으로 배치함으로서 추종성까지 확보하였다. 클로즈드 데크구조에서 두드러진 볼트 주변의 면압편중에 대해서는, 개스킷의 이너 플레이트 두께를 부위마다 다르게 함으로서 균일화하고 있다.

연료분사계통은 최대 분사압력이 2200bar로서, 솔레노이드 방식이다. 나중에 다른 엔지니어에게 들은 바로는 「2500bar인 i-ART는 『아직』아닙니다」이다.

당연히 앞으로의 개량을 통해 탑재도 계획하고 있을 것이다.

후처리장치는 요소SCR방식이다. 도요타에서는 첫 적용이다. Euro6 및 JC08규제에 대응한다. 둘 다 KD형식에서는 시장에 대응하기 위해 수량이 방대했던 후처리장치를 GD형식에서는 모듈화했다. 비용절감과 효율화를 실현한 것이다.

TECHNICAL DETAILS

3

VOLVO S60

제원

형식	D420T14(Drive-E D4)
엔진형식	직렬4기통DOHC
배기량	1968cc
내경×행정	82.0×93.2mm
압축비	15.8
연료공급시스템	2500bar(솔레노이드) 커먼레일
과급시스템	시퀀셜 트윈터보
가변동작밸브	EX:VVT
EGR	고압/저압(HP/LP)
최고출력	140kW/4250rpm
최대토크	400Nm/1750~2500rpm
배기후처리장치	DOC+DPF+LNT
배출가스규제	Euro 6
변속기	AISIN AW 8AT

일본에도 도입된 Drive-E의 디젤 사양

엔진 구색을 가솔린과 디젤 모두 2.0ℓ 4기통으로 간소화한다는 볼보의 신전략에 기초해 개발된, 최신세대 클린디젤. 기본설계는 가솔린 사양과 공통이라 25%의 부품이 공용이며, 50%가 치수 등의 공통점을 갖는 유사제품이다. 완전 전용부품은 25%에 그치고 있다. 덴소의 디젤용 연료분사제어기술인 「i-ART」 사용을 비롯해, 변속기에는 아이신 AW 제품인 8단 토크 컨버터 AT(AWF8F45 형식·허용 토크:450Nm)를 조합하는 등, 일본의 기술이 많이 도입된 점도 눈길을 끈다.

VOLVO

Drive-E D4

2.0ℓ 직렬4

[최대 2500bar인 i-ART를 적용한 혼신의 최신 디젤엔진]

환경성능과 높은 출력성능을 양립시키는 신세대 드라이브 트레인의 개념엔진으로서 볼보가 들고 나온 "Drive-E".
그 주인공이라고도 할 수 있는 클린 디젤엔진은 새로운 시대의 도래를 확신시키기에 충분한, 신선한 충격으로 충만해 있다.

본문 : 다카하시 잇페이　사진&그림 : 볼보

볼보가 포드 산하를 벗어나 중국의 지리(吉利) 그룹에 들어간 2010년에 내놓은 Drive-E 개념. 그것은 승용차용 엔진 제품구색을 2.0ℓ 4기통으로 간소화한다는 것으로서, 그 중에서도 주목을 받은 것은 가솔린 사양과 디젤 사양의 대부분을 공통화하는 모듈러 설계 계획이었다. 디젤 사양인 4D에서는 피스톤의 핀 높이(피스톤 핀에서 크랭크까지의 높이)가 가솔린 사양의 핀 높이보다 높게 설정되어 있기 때문에, 여기에 맞추는 형태로 블록 치수가 약간 커졌(높아졌)지만,

기타 부분은 거의 공통으로, 크랭크축에 이르러서는 완전 동일부품을 사용하고 있다.

예전에는 디젤엔진이라고 하면, 높은 연소압력에 대응하는 고강도 블록과 크랭크축이 필수여서, 그 점이 가솔린엔진과의 큰 차이점이었다. 그렇다면 정숙성이 신경 쓰일 수 있지만, 실제로 타보면 아주 조용하다. 차 밖에서는 디젤엔진 같은 소음이 들리긴 하지만 그것도 낮은 수준으로 억제되어 있고, 방음장치가 되어 있는 실내에서는 걱정할 필요가 거의 없는 수준

i-ART

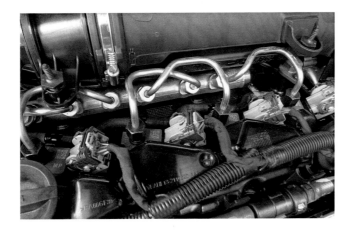

디젤 세계를 바꿀 대망의 신기술

각 인젝터에 장착된 압력센서로 분사할 때의 압력변화나 온도를 검출함으로서 실제 분사량이나 분사시기를 파악해, 항상 보정을 한다는 시스템이다. 이로 인해 분사량이나 분사시기가 지금까지와는 다른 수준에서 고정밀도로 제어가 가능해졌다.

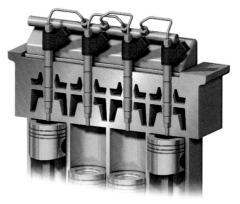

D4에 적용한 커먼레일 시스템의 최대 연료압력은 250MPa (2500bar), 1사이클 당 최대 분사회수가 9회나 되는 제4세대에 해당한다. i-ART는 분사할 때마다 인젝터 내부의 연료유로에서 일어나는 압력변화를 10만분의 1초(10마이크로 초)나 되는 분사정밀도로 감시와 보정을 한다.

실린더 블록 흡음재

←디젤 특유의 연소음을 억제하기 위해 블록 배면 전체가 흡음재로 뒤덮여 있다(파란 착색부분). 데크 높이와 워터 펌프의 마운트 추가 이외, 블록 설계는 가솔린 사양과 공통이다.

과급시스템

←보르그워너 제품의 2단 터보를 사용. 최대 과급 때는 대구경 터보에서 압축한 공기를 소구경 터보로 보내 더 압축한다. 고회전 영역에서는 소구경 터보를 차단하는 등, 상황에 맞춰 전환함으로서 폭넓은 운전영역에 대응.

LNT & DPF

→NOx를 흡착시키는 LNT와 PM을 포집하는 DPF를 조합한 배기가스 후처리 장치를 통해, 환경성능을 확보. 각각의 방향을 90도가 차이 나게 T형으로 배치해 콤팩트하게 만들었다.

① 온도센서 ② 람다센서(앞)
③ LNT기초물질 ④ DPF 기초물질 ⑤ 차압파이프 ⑥ 람다센서(뒤)

밸런스 샤프트

다른 부분과 마찬가지로 기본적으로는 가솔린 사양과 공통. 기어로 맞물리는 2개의 샤프트가 역방향으로 회전한다. 디젤엔진에서는 피스톤이나 커넥팅 로드가 무겁기 때문에, 밸런스 웨이트를 크게 해 이에 대응하고 있다.

INTERVIEW

요한 하르네우스

볼보 Drive-E
파워트레인 디렉터

NVH를 생각해 현시점에서 디젤 3기통은 고려하지 않고 있다

"볼보 엔진 아키텍처(VEA)"는 지금까지 8종이었던 아키텍처를 1종으로 집약하는 개념입니다. 가솔린과 디젤에서 기본 아키텍처를 공용했던 알루미늄 블록을 사용하지만, 양쪽이 완전 똑같지는 않죠. 강도가 필요한 디젤용은 데크가 높고, 주철 라이닝을 사용하고 있습니다.

VEA에서는 엔진 제어 시스템을 한 회사로 통합하는 것도 처음부터의 개념이었습니다. 복수의 부품공급회사들의 경선을 거쳐, 최종적으로 덴소가 가격과 성능면에서 최고의 제안서를 제출해 주었습니다. 클린디젤에서는 연료를 더 짧은 시간에 정확하게 분사하는 것이 중요한데, 최대 2500bar인 i-ART는 볼보가 추구하는 성능을 거의 완벽하게 만족시켜 주고 있습니다.

VEA의 가솔린에서는 최종적으로 2기통, 3기통, 4기통을 용도에 맞게 구분해서 사용할 예정이지만, 디젤은 현시점에서 4기통 이외는 예정에 없습니다. 디젤 3기통도 물론 검토는 했습니다. 그런데 NVH와의 균형을 생각하면, 디젤에서는 3기통화에 의한 마찰 저감이라는 장점이 그다지 크지 않다고 판단했기 때문입니다.

본문 : 사노 히사무네

이다. 특히 3000rpm 부근에서 아주 맑아진 배기음은 디젤엔진 답지 않을 정도로, 400Nm라는 최대 토크와 어울려 독특한 주행감각을 만들어내고 있다.

가솔린 사양과 공통설계를 이용하면서 디젤사양에서도 뛰어난 정숙성을 확보할 수 있었던 배경에는, 강도해석기술과 더불어 고도화된 연소 제어 기술이 있다. 그리고 볼보만이 갖고 있는 연소기술 실현을 바탕으로 중요한 역할을 맡고 있는 것이, 덴소의 연료 분사제어기술인 i-ART이다. i-ART의 기능은 위에

서 나타낸 바와 같은데, 10만분의 1초라는 시간단위는 ECU의 메모리칩에 입력시키는 시간도 무시할 수 없을 만큼 미세한 것이다. 그 때문에 인젝터의 압력센서가 감지한 데이터를 내장된 메모리칩(용량2kB)으로 CPU를 개입하지 않고 직접 전송하는 DMA전송(Direct Memory Access) 방법이 이용되고 있다.

TECHNICAL DETAILS

4

2series Active Tourer

제원

형식	B47
엔진형식	직렬4기통DOHC
배기량	1995cc
내경×행정	84.0×90.0mm
압축비	16.5
연료공급시스템	2000bar(솔레노이드) 커먼레일
과급시스템	VG터보×1
가변동작밸브	X
EGR	고압(HP)
최고출력	110kW/4000rpm
최대토크	330Nm/1750~2750rpm
배기후처리장치	DOC+DPF+LNT
배출가스규제	Euro 6
변속기	AISIN AW 8AT/6MT

BMW/MINI 브랜드로 전개 가변용량 터보를 적용

향후에는 3.0ℓ·6기통까지 확산시킬 계획이지만, 현재상태에서는 1.5ℓ·3기통과 2.0ℓ·4기통 2종류만 생산. 내경×행정(내경×행정 비율 1.07)는 공통이지만, 피스톤이나 피스톤 핀, 커넥팅 로드 길이나 커넥팅 로드 베어링 지름은 다르다. 3기통의 베어링 지름은 45mm이지만, 4기통의 고출력 버전은 50mm 같은 식이다. 3기통 엔진에서 지름을 작게 한 것은 커넥팅 로드를 길게 함으로서 마찰을 줄이겠다는 생각 때문이다. 소음 차단에 주력한 것도 B시리즈의 특징으로, 연소 자체를 제어해 소음을 줄이는 동시에 흡기계통에 댐퍼나 흡음재를 사용하는 등으로 대처하고 있다. 4기통과 3기통 각각 다른 진동특성에 대응한 밸런스 샤프트를 장착하고 있다.

본문 : 세라 고타   사진 : BMW/MFi

BMW

B37/B47

1.6ℓ/2.0ℓ 직렬3/4

[BMW의 신세대 모듈러 디젤]

기통당 행정체적 500cc를 기본으로, 기통수와 과급 시스템으로 출력/토크가 다른 엔진들을 제작한다. 기본 아키텍처는 가솔린엔진과 공용. 부품공용 비율을 높여 생산설비를 공유한다.

B47

BMW는 2014년, 가솔린과 디젤에서 기본 아키텍처를 공유하는 신형 직렬엔진 시리즈를 도입했다. 기통당 행정체적은 500cc(내경 84mm × 행정 90mm)로, 출력 범위가 작은 파생기종은 3기통이 맡고, 큰 파생기종은 4기통이 담당한다. 현시점에서는 엔진구색에 추가되지 않고 있지만, 6기통까지 계획하고 있다. 1.5ℓ·3기통, 2.0ℓ·4기통, 3.0ℓ·6기통이다. 리터당 출력 상한은 80kW 이상으로 설정하고 있다.

새로운 모듈러 설계 엔진을 개발한 목적은 효율향상과 경량화, 고출력화에 소형화 그리고 엄격해지는 배기가스 규제에 대응할 수 있는 여력을 준비하는데 있다. 열거해 보면 타사의 최신 엔진과 차이가 없다.

84mm×90mm인 내경×행정이 동일하다면, 91mm의 내경 간 칫수도 2007년에 도입된 이전세대(N시리즈)와 차이가 없다. 실린더 블록이 알루미늄 제품인 것도 마찬가지이고, 밸런스 샤프트나 오일펌프는 오일 팬에 설치되어 있다.

세로배치 외에 가로배치(MINI나 BMW 2시리즈)도 생산. 공랭 인터쿨러는 주행풍 압력이 높아지는(즉 효율이 좋은) 범퍼 하단에 배치. 세로배치인 경우는 차량 왼쪽(사진에서는 우측)이 흡기가 된다.

캠 샤프트를 구동하는 체인이 엔진 뒤쪽(변속기 쪽)에 있는 것은 구형 시리즈와 동일. 신 시리즈에서는 체인 리벳이 엔진오일에 잠긴 상태에서도 마모에 강한 PVD코팅이 되어 있다. 보조장치 종류의 구동은 앞쪽에서 벨트로 구동한다.

제원

형식	B37
엔진형식	직렬3기통DOHC
배기량	1496cc
내경×행정	84.0×90.0mm
압축비	16.5
연료공급시스템	2000bar(솔레노이드) 커먼레일
과급시스템	VG터보×1
가변동작밸브	X
EGR	고압(HP)
최고출력	70kW/4000rpm
최대토크	220Nm/1750~2250rpm
배기후처리장치	DOC+DPF+LNT
배출가스규제	Euro 6
변속기	AISIN AW 6AT/6MT

B37

소형·경량·고효율과 정숙성 향상에 힘을 쏟다

1.5ℓ·3기통인 B37은 70kW/220Nm과 85kW/270Nm, 2.0ℓ·4기통인 B47은 135kW/380Nm와 140kW/380Nm로 생산하고 있다(등장할 때의 유럽사양). 모두 다 공전회전속도+α의 극저속회전 영역부터 강한 토크를 발생한다. 뛰어난 비출력(比出力)을 발휘할 잠재성을 갖고 있으면서도 응답성이 뛰어나고, 모드연비뿐만 아니라 실용연비에서 뛰어난 실력을 발휘하게 한다는 개념이다. 오일펌프는 연비 향상 효과를 기대하여 가변용량 형식을 적용.

보조장치들을 모두 흡기 쪽에 집중시켜 배치한 것은 과급 시스템과 후처리장치를 위한 공간을 배기 쪽에 남겨두기 위한 것이다.

3기통 B37, 4기통 B47에 새롭게 투입된 기술은 용사(溶射) 라이너층이다(0.3mm 두께). 가솔린에서는 이미 적용되고 있다. 디젤은 피스톤 링이 벽면을 누르는 힘이 강하기 때문에 채용을 못하고 있었는데, 가솔린엔진에서 키워 온 기술을 응용해 적용하기에 이르렀다. 전통적인 주철 라이너에 비해 냉각수로에 대한 열전도가 뛰어나다는 것이 장점이다.

3기통, 4기통 모두 가변용량 터보를 사용하고 있다. 인젝터는 보쉬 CRI2-20으로, 최고 분사압력 2000bar인 솔레노이드 방식이다. 앞세대는 1800bar의 압전소자 방식이었다. 일반적으로 분사압력을 높게 하고, 분사구멍(7개)을 작게 하면 분무가 미립화해 연소가 좋아진다. 그 연소를 정밀하게 제어하기 위해 적용한 것이 실린더 내압 센서로서, 각 기통에 장착(BMW 최초). 지금까지는 흡입공기량과 요구 토크, 흡입공기 온도나 엔진 회전속도 같은 변수를 토대로 실린더 내의 상황을 예측함으로서 최적이라고 판단

되는 양의 연료를 분사해 왔다. 실제로는 엔진 전체에서도 오차가 생기고, 기통마다도 편차가 있다. 그래서 기통마다 실린더 내압을 계측해 열 발생 중간시점을 검출. 목표한 시기보다 빨리 연소하면 소음이 나고, 늦게 연소하면 그을음 발생이 많아진다. 그렇게 되지 않도록 기통마다 실린더 내압을 토대로 피드백 제어한다. 이로 인해 소음이나 유해배출가스, 출력, 연비에까지 효력이 미친다.

TECHNICAL DETAILS

5

Mercedes-Benz C180d

제원

형식	OM626
엔진형식	직렬4기통DOHC
배기량	1598cc
내경×행정	80.0×79.5mm
압축비	15.4
연료공급시스템	1600bar(솔레노이드) 커먼레일
과급시스템	VG터보×1
가변동작밸브	EX:VVT
EGR	고압/저압(HP/LP)
최고출력	100kW/3800rpm
최대토크	320Nm/1500~2600rpm
배기후처리장치	DOC+DPF+SCR
배출가스규제	Euro 6
변속기	7G-Tronic plus 7AT/6MT

강철 피스톤 사용은
승용차용 디젤에서는 최초

메르세데스 벤츠의 최소배기량 디젤은 OM651의 1.8 ℓ·직렬4기통(100kW/300Nm)이었지만, 2014년에 새로운 최소배기량 엔진이 등장했다. OM626이 그것으로, 배기량은 1.6ℓ. 실린더헤드는 알루미늄이지만 크랭크 케이스는 주철. 솔레노이드 방식 인젝터에 의한 최대 분사압력은 1600bar로, 2015년 기준으로 보면 낮은 사양(Low Spec) 부류에 속한다. 하지만 물론 Euro6에 대응. C클래스와 조합되었을 때의 CO_2배출량은 99g/km밖에 안 된다. 압축비 15.4는 유럽산 디젤로서는 낮은 부류에 속할 것이다. 싱글 터보는 가변 지오메트리. 듀얼 매스 플라이휠을 사용함으로서 밸런스샤프트를 필요로 하지 않는 것도 특징이다.

DAIMLER

OM626

1.6 ℓ 직렬4

[강철 피스톤을 사용한 다임러/르노·닛산의 엔트리 디젤]

르노/닛산 얼라이언스와 다임러는 2010년에 전략적인 제휴를 맺었다.
그 결과 중 하나가 르노가 기본설계를 하고, 메르세데스 방식으로 완성한 디젤엔진이다.

본문 : 세라 고타   그림 : 다임러

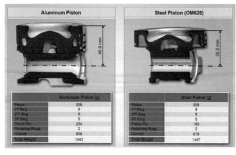

전통적인 알루미늄 피스톤(사진 좌)과의 비교. 밀도 관계 때문에 강철 제품 피스톤 쪽이 작지만, 중량은 거의 비슷하다. 열 전도성에 뛰어날 뿐만 아니라 마찰면에서 알루미늄에 비해 유리하다.

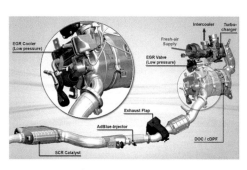

가변 지오메트리 터보(터빈 지름 37.5mm)/컴프레서 지름 45mm)나 냉각 저압EGR 등, 유해배출물 저감과 연비향상에 유효한 장치를 사용. 아이들링 스톱 기구를 장착하고 있다. NOx는 메르세데스가 자랑하는 요소SCR(AdBlue)로 환원한다.

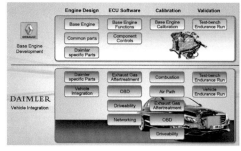

엔진 기본설계는 르노가 맡고, 메르세데스 차량에 대한 적용이나 튜닝은 다임러가 맡는다. 예를 들면, ECU에는 메르세데스 벤츠가 인정하는 주행능력을 실현하는 제어가 사용된다. 생산은 다임러의 브레멘(독일) 공장에서 이루어진다.

TECHNICAL DETAILS

6

VW Passat

제원

형식	EA288 2.0 TDI
엔진형식	직렬4기통DOHC
배기량	1968cc
내경×행정	81.0×95.5mm
압축비	16.2
연료공급시스템	2000bar(솔레노이드) 커먼레일
과급시스템	터보×2
가변동작밸브	X
EGR	고압/저압(HP/LP)
최고출력	140kW/3500~4000rpm
최대토크	400Nm/1750~3000rpm
배기후처리장치	DOC+DPF+SCR
배출가스규제	Euro 6
변속기	6DCT

와류(Swirl) 강화를 위해 90도를 비튼 밸브 배치

마운팅 포인트를 디젤엔진과 가솔린엔진에서 공용하기 위해 배기 앞/흡기 뒤였던 가솔린엔진을 디젤엔진에 맞춘 것이 MQB도입 시의 최대 특징이었는데, 방향을 바꿀 필요가 없는 디젤엔진도 신형으로 바뀌었다. 그것이 EA288이다. 배기량은 물론이고 내경×행정, 내경 피치도 앞세대 EA189 수치를 계승. 가솔린 EA211과 마찬가지로 모듈러 개념에 기초해 설계되었으며, 출력이나 배출가스 규제에 맞춰 부품을 교체함으로서 효율적이고 다채로운 변형기종을 갖추는 것이 가능. 실린더 블록은 주철. 실린더 헤드는 알루미늄 제품. 오일펌프는 가변용량. 단차가 나는 밸런스 샤프트를 장착한 사양도 있다.

본문 : 세라 고타　그림 : 폭스바겐

VOLKSWAGEN

EA288 2.0 TDI

2.0ℓ 직렬4

[MQB 시대의 VW아우디의 주력 디젤엔진]

VW가 새로운 설계·생산방법인 MQB를 발표한 것은 2012년 2월이었다.
디젤엔진은 원래 흡기 앞/배기 뒤로 된 배치구조이었는데, MQB를 도입하면서 새로 설계했다.

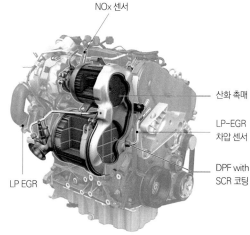

NOx 센서
산화 촉매
LP-EGR 차압 센서
DPF with SCR 코팅
LP EGR

수냉식 인터쿨러는 흡기 다기관에 내장. 스월을 강화하기 위해 엔진 앞쪽부터 흡기밸브 2개 ~배기밸브 2개 순으로 배치. 각 캠 샤프트는 서로 다르게 늘어선 흡기와 배기 양 밸브를 구동한다.

가이드 베인 기구를 내장한(즉 가변용량) 터빈 하우징은 배기 다기관 일체구조이다. 그 하류에 NOx 흡장촉매와 DPF를 배치. DPF 하류에 모터로 작동하는 저압EGR 제어 플랩을 둔다. 보쉬제품인 인젝터는 솔레노이드 방식.

TECHNICAL DETAILS

7

MAZDA CX-3

제원

형식	S5-VPTS/VPTR
엔진형식	직렬4기통DOHC
배기량	1498cc
내경×행정	76.0×82.6mm
압축비	14.8
연료공급시스템	2000bar(솔레노이드) 커먼레일
과급시스템	VG터보×1
가변동작밸브	X
EGR	고압/저압(HP/LP)
최고출력	77kW/4000rpm
최대토크	20/250/270Nm/1600~2500rpm
배기후처리장치	DOC+DPF
배출가스규제	Euro 6/포스트 신장기규제
변속기	6AT/6MT

초저압축비 개념과
NOx 촉매 없는 사양을 다시 실현

마쓰다가 SKYACTIV-D 1.5 개발에서 과제로 삼았던 것이 작은 내경에 대한 대응이다. 1.5ℓ는 내경이 76mm. 내경이 86mm인 2.2ℓ와 동일한 분사/연소 패턴을 이용하면 연소실 벽면에 연료가 부착되거나 화염의 냉각손실을 초래하게 된다. 인젝터 설계와 분사방식 및 피스톤 헤드의 연소실 형상을 개량함으로서, 저회전 영역에서의 냉각손실 억제와 고회전 영역에서의 텀블(Tumble) 와류 생성을 양립시켰다. 또한 저압축비 설계도 유지했다. 저압축비화에 따른 냉간 시 착화성 확보에 대해서는, 가변용량 터보의 베인을 전폐(全閉)하여 가스가 실린더 내에서 환류하도록 하여 해결했다. 그 결과, D2.2보다 압축비는 0.8이 높으면서도 2.2ℓ와 똑같이 NOx 촉매가 없는 구조이면서, Euro6 및 포스트 신장기규제를 통과하고 있다.

MAZDA

SKYACTIV-D 1.5

1.5ℓ 직렬4

[D2.2의 잠재력을 승화시킨, 마쓰다가 심혈을 기울인 엔진]

NOx 후처리장치 없이 EURO6/포스트 신장기규제를 충족시킨 발군의 SKYACTIV-D 2.2.
마쓰다는 더 나아가 B/C 부문용 소배기량 디젤엔진을 등장시켰다. 거기에 적용한 기술을 살펴보겠다.

본문 : MFi   그림 : 마쓰다

← 2.2ℓ에 탑재된 가변동작 밸브 기구와 시퀀셜 과급 시스템은 이번 SKYACTIV-D 1.5에는 들어가지 않았지만, 동등한 기능을 얻기 위해 가변용량 터보 하나만 장착하고 있다. SCR이나 LNT 등과 같은 NOx 촉매를 장착하지 않은 것은 2.2ℓ와 똑같다.

→ 연료가 벽면에 부착되는 것을 방지하기 위해 노즐 부분의 분사구멍 길이를 짧게 하고, 분무 길이를 줄였다. 더불어 피스톤 헤드에 단차를 두어 팽창행정에 들어갔을 때 생기는 역 스퀴시 흐름(연소실→실린더로의 흐름)을 억제시킴으로서 화염의 벽면접촉을 줄이고 있다.

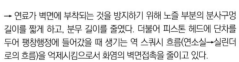

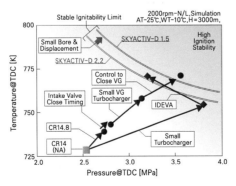

내경이 작은 1.5ℓ 엔진에서는 2.2ℓ에 비해 무부하 운전영역에서의 연료분사량이 적어 벽면부착을 포함해 자기착화성이 낮아진다. 그래서 VG터보로 내부EGR 양을 억제하는 한편으로 나아가 흡기 밸브 타이밍과 14.8 압축비를 통해 2.2ℓ와 동등한 착화성을 얻고 있다.

← 베인을 완전히 닫음으로서 내부EGR을 얻는 VG터보. 저압EGR 도입 시의 응답성 확보 때문에 관 길이를 짧게 할 의도로 인터쿨러를 수냉식으로 해서 흡기 다기관에 내장한다. 이로 인해 콤팩트한 설계를 실현할 수 있었다.

TECHNICAL DETAILS

8

VW Passat

제원

형식	E08A
엔진형식	직렬2기통DOHC
배기량	793cc
내경×행정	77.0×85.1mm
압축비	15.1
연료공급시스템	분배형 연료분사장치
과급시스템	터보×1
가변동작밸브	X
EGR	X
최고출력	35kW/3500rpm
최대토크	125Nm/2000rpm
배기후처리장치	X
배출가스규제	Bharat StageIV
변속기	5단MT

알루미늄 블록을 사용해 대폭적인 경량화를 실현

인도시장에서 압도적인 시장점유율을 자랑하는 스즈키가 심혈을 기울여 개발한 직렬2기통 800cc 디젤엔진. 스즈키는 이미 주철 직렬4기통 1300cc 디젤이 있지만, 2기통화와 알루미늄 블록&알루미늄 크랭크 케이스화를 통해 대폭적인 경량화와 공간을 확보하는데 성공했다. 엔진만의 중량은 89kg으로, 앞서 출시된 1.3ℓ 직렬4기통에 비해 30%나 가벼워졌다. 2기통 특유의 진동대책으로 플라이휠을 최적화시켰다고 하지만 상세한 것은 불명확하다. 배출가스규제 측면에서는 인도의 최신 배출가스기준인 「바라트 스테이지IV」(바라트란 힌두어로 인도를 의미한다)를 통과했으며, 연비는 인도시장에서 최고인 27.62km/ℓ를 달성하고 있다.

SUZUKI

E09A

0.8ℓ 직렬2

[인도 시장에 초점을 맞춘 콤팩트 디젤엔진]

인도 시장을 위한 소형차용 800cc 디젤엔진을 새로 개발해, A세그먼트 해치의 인기차종인 셀레리오에 탑재했다.

본문 : MFi   사진 : 스즈키

연료공급 시스템은 스즈키의 1.3ℓ 직렬4기통이 디젤 커먼레일인데 반해, 이것은 분배장치 형식이다. 소형 연료펌프를 사용하는 등, 콤팩트한 엔진으로 최적화시키고 있다. 기존 직렬4기통에 비해 57%나 가벼워졌다.

실린더 블록과 크랭크 케이스에는 알루미늄 합금을 적용하는 한편, 2기통화에 따른 장점을 포함해 주철제품인 1.3ℓ 직렬4기통 디젤에 비해 60%나 가볍게 만드는데 성공. 물론 공간적인 측면의 이점도 상당하다.

소형 터보차저(그림의 핑크색 부분)와 대형 인터쿨러(파란색 부분)를 적용해 저회전 영역에서의 고 토크와 연비성능을 양립시키고 있다. 덧붙이자면, 압축비는 1.3ℓ 직렬4기통의 17.6에 비해 0.8ℓ 엔진에서는 15.1까지 낮추었다.

TECHNICAL DETAILS

9

SUBARU OUTBACK

제원

형식	EE20
엔진형식	수평대향4기통DOHC
배기량	1998cc
내경×행정	86.0×86.0mm
압축비	15.2
연료공급시스템	2000bar(솔레노이드)커먼레일
과급시스템	터보×1
가변동작밸브	X
EGR	고압/저압(HP/LP)
최고출력	110kW/3600rpm
최대토크	350Nm/1600~2800rpm
배기후처리장치	DOC/DPF
배출가스규제	EURO 6
변속기	6단MT/CVT

이중삼중고에 대한 도전이 많은 노하우를 가져다주었다

디젤엔진은 대개 장행정에, 흡기/배기 밸브는 직립해 있으며, 고압분사를 위한 인젝터는 긴 막대 형상을 하고 있다. 직렬 엔진에서 엔진 높이를 늘리는 요소이다. 하지만 약간 비스듬하게 해서 엔진 룸에 장착하면 된다. 배기가스 후처리 장치는 배기포트 바로 밑으로 엔진에 바싹 붙게 장착하면 된다. 그 위치에서도 온도가 높은 배기가스를 활용할 수 있다. 터보 배관과 EGR 배관은 가솔린엔진과 특별한 차이가 없다.

그렇다면 수평대향 디젤엔진은 어떤가 하면, 차량 폭에 대한 규제 때문에 이 모든 것이 불가능하다. 장행정화는 어렵고, 긴 인젝터도 사용할 수 없다. 배기가스 후처리 장치가 들어갈 공간도 없다. 이 점이 바로 스바루의 도전이었다.

SUBARU

EE20

2.0 ℓ Boxer 4

[Euro 6b에 대응한 뉴 복서 디젤엔진]

2008년에 등장한 EE20형식은 자동차용으로는 세계에서 유일하게 양산 수평대향 디젤엔진이다. 이 최신사양은 배기가스 성능 향상을 주로 손보았지만, 스바루답게 세밀한 배려도 곳곳에서 볼 수 있다.

본문 : 마키노 시게오   사진&그림 : 스바루

후지중공업은 수평대향 엔진을 포기하지 않는다. 유럽시장에서 필수인 디젤엔진도 수평대향형으로 만든다. "수평대향엔진이야말로 존재의미가 있다", 2008년에 EE20이 유럽에서 데뷔했을 때, 시장이 받아들인 것은 이런 메시지였음에 틀림없다. 당초에는 유로4 대응으로 진행되다가, 2009년에 유로5 대응이 되었고, 이번에는 유로6의 단계2인 유로6b의 규제에 대응한다.

엔진 기본골격은 바뀌지 않았다. 내경×행정도 기존과 동일하고, 블록도 공통이다. 하지만 세부적인 설계는 상당히 달라졌다. 먼저 피스톤은 헤드 면의 형상이 바뀌었는데, 이것은 연소분무 형상의 변경에 맞추었기 때문일 것이다. 연료 인젝터는 덴소의 제4세대 형식을 사용한다. 최대 연료압력은 180MPa에서 200MPa로 높였다. 압축비는 기존 16.0에서 15.2로 낮추었다. 이 0.8의 저감은 연소온도 인하에 기여할 것이다.

압축비를 낮추면 저온 시의 시동성에 영향을 미치게 되는데, 이것은 저압/고압 병용인 EGR의 세밀한 제어와 글로플러그(예열플러그)를 급속상온 대응사양으로 변경해 보완하고 있다. 기존 EGR은 포트 부분에서 배기가스를 직접 흡기 쪽으로 유도하는 고압

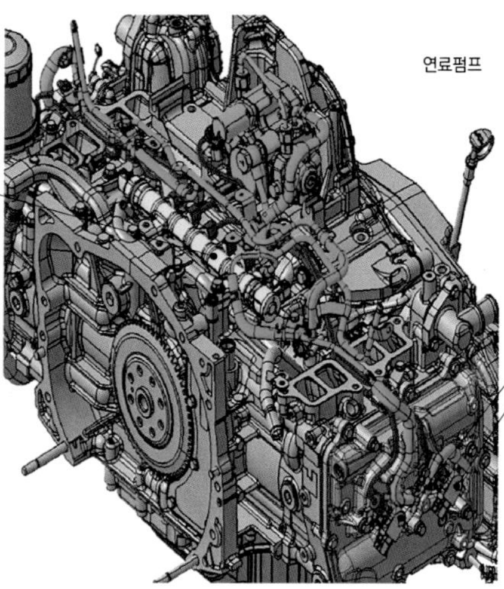
연료펌프
커먼레일
인젝터

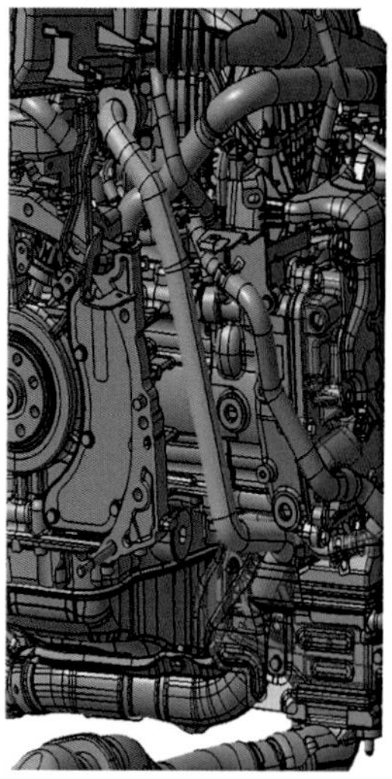

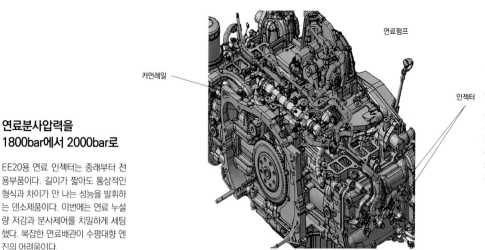

연료분사압력을 1800bar에서 2000bar로

EE20용 연료 인젝터는 종래부터 전용부품이다. 길이가 짧아도 통상적인 형식과 차이가 안 나는 성능을 발휘하는 덴소제품이다. 이번에는 연료 누설량 저감과 분사제어를 치밀하게 세팅했다. 복잡한 연료배관이 수평대향 엔진의 어려움이다.

고압 EGR시스템

그림은 배기포트 직후에서 배기가스를 채취해 흡기에 혼합시키는 HP(High Pressure) EGR 배관. 여유가 있는 것처럼 보이지만, 변속기와 엔진 사이의 좁은 공간이다. 수평대향엔진은 이런 노고가 많다.

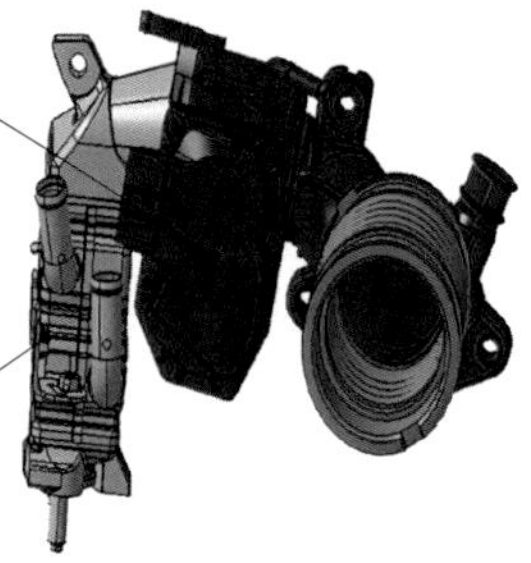
LP-EGR
밸브
LP-EGR
쿨러

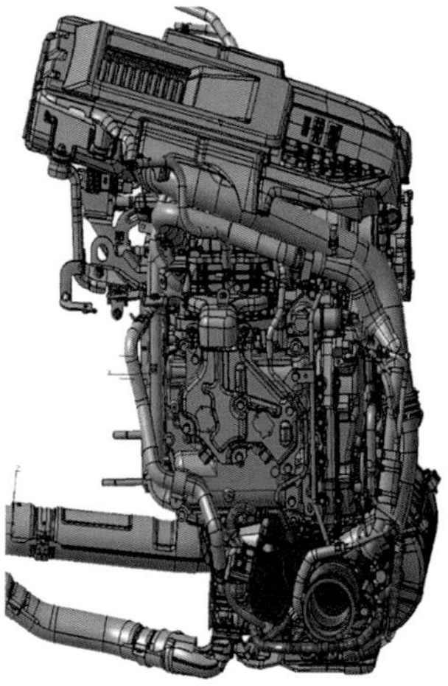

저압 EGR시스템

엔진으로부터 먼 위치에다 온도가 내려간 배기가스를 채취해 흡기에 혼합시키는 LP(Low Pressure) EGR을 추가했다. EGR쿨러까지 동원해 연소온도 저하와 응답성 확보를 겨냥하고 있다. 연비와 배기가스 양쪽에 효과가 있다.

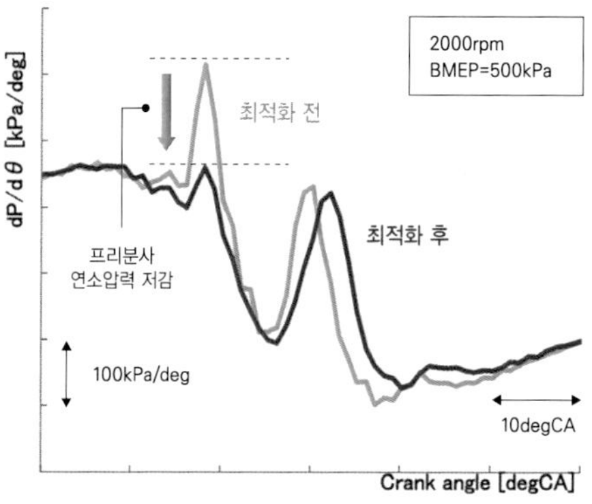
2000rpm
BMEP=500kPa
dP/dθ [kPa/deg]
최적화 전
최적화 후
프리분사
연소압력 저감
100kPa/deg
10degCA
Crank angle [degCA]

배기 유해배출물과 연소음의 양립

압축비를 낮추면 착화성이 나빠지기 때문에 주 분사 전의 프리분사를 해 준다. 그런데 이것이 소음을 낸다. 그래서 스바루는 치밀한 연료분사 변수를 설정해 주 연소 때 소음이 높아지지 않도록 개선했다.

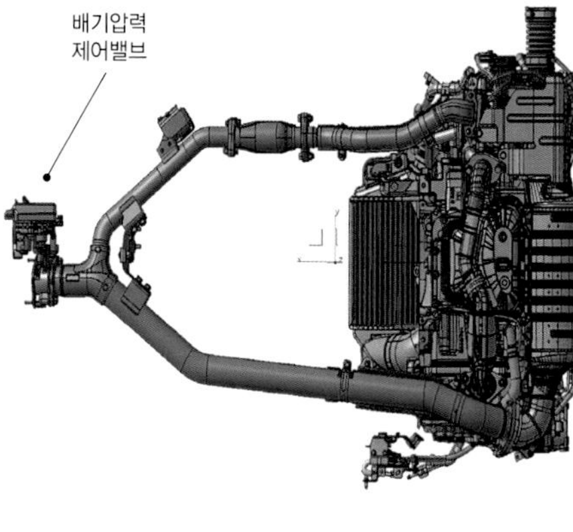
배기압력
제어밸브

배기압력제어 밸브

LP·EGR은 좌측 그림의 배기압력 제어 밸브 앞쪽에서 배기가스를 채취한다. 최신규제 대응 DE답게 정밀한 EGR 제어를 하고 있다. 최대 EGR율은 공표되지 않았지만, 모든 운전영역에서 보면 비율은 늘어났을 것이다.

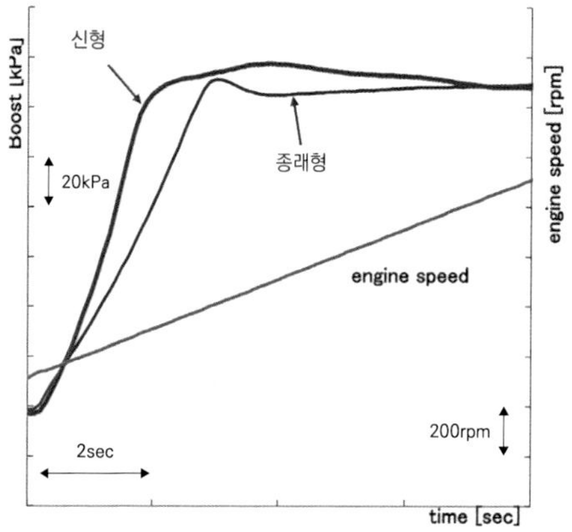
Boost [kPa]
신형
종래형
20kPa
engine speed
engine speed [rpm]
200rpm
2sec
time [sec]

저회전 영역의 토크 향상

터보자체의 효율 상승과 가변노즐 개량을 통해 과급압 상승이 크게 개선되었다. 과도영역에서 과급압을 100kPa 상승시키는 데 필요한 시간이 0.8초 정도로 짧아졌다. 이 차이는 주행감각에 영향을 미친 다.

(High Pressure) 방식뿐이었지만, 새롭게 저압(Low Pressure) 통로를 만들어 과도영역에서의 EGR률을 높이고 있다.

EGR은 「연소앙금」인 불활성 가스를 엔진으로 보내는, 말하자면 「배만 불룩해지는 영양가 제로의 다이어트 식품」으로, 단순히 실린더 내를 가득 채우기 위한 것이다. 목적은 배기가스 저감이지만 연소에는 기여하지 않기 때문에 다 소진하면 응답성이 나빠진다. 이 부분은 주행실험을 거듭해 튜닝하고 있을 것이다. 굼뜬 스바루 차는 용납이 안 되기 때문이다.

터보도 바뀌었다. 엔진 우측아래 하단인 탑재위치와 가변노즐 방식인 점은 바뀌지 않았지만, 가변노즐 형상과 제어 프로그램을 개선해 저부하 운전 때나 고EGR률에서의 과급압을 최적화하였다. 동시에 기존에는 터보 배관과 타이밍 체인과의 처리가 까다로웠지만, 연료펌프 구동 시스템을 기어 방식으로 고쳤다. 이로 인해 보조장치 구동 벨트의 배치구조도 바뀌었다.

디젤엔진 특유의 소음을 줄이려는 노력도 성과가 있었다. 수평대향 엔진은 블록이 좌우로 두 개이기 때문에 방사소음이 나기 쉽다. 이번에 엔진블록 주위의 보조기기 배치구조를 손보면서 흡기 다기관 아래나 체인 커버에 폴리우레탄 흡음재를 부착했다.

유로6b에 대한 배출가스 대책이라고는 하지만 응답성이나 소음·진동까지 저감시킨, 스바루다운 발상으로 일부만 변경(Minor Change)한 엔진이다.

TECHNICAL DETAILS

조건을 서로 비교해 보면
각 장치의 특성이 드러난다

BMEP(제동 평균 유효 압력)이란 엔진 출력행정에서 실린더 압력의 평균값을 말한다. 숫자가 클수록 더 효율적으로 엔진이 작동한다는 뜻이다. 참고로 가솔린 엔진이라면 VW 1.4 TSI가 19.69bar(103kW 사양), 프리우스 엔진 같은 경우는 9.37bar(2ZR-FXE), 다이하쓰의 경자동차용 엔진이 10.19bar(KF-VE) 정도이다. 또 하나의 지표로서 압축비를 살펴보았다. 팽창행정에서 얼마만큼 일을 했느냐는 판단으로 이어진다.

TOYOTA 1GD-FTV
Land Cruiser Prado

16.66 bar

15.6:1

- ☐ 가변용량 터보×1
- ☐ 덴소 솔레노이드 : 2200bar
- ☐ 요소SCR, 산화촉매, DPF

MAZDA S5-DPTS/DPTR
DEMIO/OX-3

15.42 bar

14.8:1

- ☐ 가변용량 터보×1
- ☐ 덴소 솔레노이드 : 2000bar
- ☐ 산화촉매, DPF

MAZDA SH-VPTS/VPTR
AXELA/ATENZA/CX-5

15.72 bar

14.0:1

- ☐ 웨이스트 게이트 터보×2 (시퀀셜)
- ☐ 보쉬 피에조 : 2000bar
- ☐ 산화촉매, DPF

MITSUBISHI 4M41
PAJERO

15.01 bar

16.0:1

- ☐ 가변용량 터보×1 /
- ☐ 덴소 솔레노이드 : 1800bar /
- ☐ 산화촉매×2, NOx흡장 환원촉매, DPF

MITSUBISHI 4N14
DELICA D:5

16.81 bar

14.9:1

- ☐ 가변용량 터보×1
- ☐ 덴소 솔레노이드 : 2000bar
- ☐ NOx 흡장환원촉매, DPF

일본에서 구입할 수 있는 디젤엔진을 비교하다

BMEP로 비교한 각 차량의 디젤엔진

풍부한 선택폭이라고 하기에는 좀 부족하지만, 2006년 창간 당시에 비하면 일본사양 디젤엔진을 탑재한 차량의 종류도 매우 많이 늘어났다. 카랑카랑하는 큰 노킹음이나 힘차게 주행할 때의 검은 연기분출 등, 예전의 부정적인 요소는 싹 사라지고 풍부한 저속 토크의 넉넉한 주행, 뛰어난 열효율에 기초한 저연비성, 가격대비 만족감 등, 디젤엔진을 장착하고 있기 때문에 느껴지는 장점을 많은 사람이 느끼고 있다. 일본시장에서 선수를 친 닛산 M9R 형식은 유감스럽게 판매가 종료되었지만, 그 후의 다임러/보쉬에 의한 적극적인 프로모션과 메르세데스의 상륙 그리고 무엇보다도 압축비 14라는 값을 앞세워 디젤엔진에서 느낄 수 있는 재미를 널리 전파한 마쓰다의 활약까지 겹쳐지면서, 위에 나타낸 엔진들이 거리를 활보하고 있다. 이 엔진들의 특징을 알기 위해 일목요연하게 정리해 보자는 차원에서, BMEP(제동 평균 유효 압력)를 지표로 삼아 정리해 보았다.

DAIMLER OM651
Mercedes-Benz E/CLS

22.76 bar

16.2:1

☐ 가변용량 터보×2
(시퀀셜)
☐ 델파이 피에조 :
2000bar
☐ 요소SCR, DPF

DAIMLER OM642
Mercedes-Benz E/G/GL/M

18.32~21.21 bar

15.5/17.7:1

☐ 가변용량 터보×1
☐ 보쉬 피에조 : 1800bar
☐ 요소SCR, DPF

BMW B47
2er Active Tourer

16.54 bar

16.5:1

☐ 가변용량 터보×1
☐ 보쉬 솔레노이드 :
2000bar /
☐ NOx흡장환원촉매, DPF

*사진은 세로배치 사양

BMW N47
BMW 3er/5er/X3
MINI CROSSOVER/PACEMAN

20.30 bar
(종배치)

12.33~16.10 bar
(횡배치)

16.5:1

☐ 가변용량 터보×1
☐ 보쉬 피에조 :
2000bar(L)
☐ 보쉬 솔레노이드 :
1600bar(T) /
☐ NOx흡장환원촉매, DPF

BMW N57
BMW X5/ALPINA D5(single)
ALPINA D3/D4/XD3(double)

19.05~20.66 bar
(single)

20.66~25.77 bar
(double)

16.5:1

☐ VG터보×1/×2
☐ 보쉬 피에조 :
1800bar/2000bar
☐ 요소SCR(BMW), NOx
흡장환원촉매(ALPINA),
DPF

VOLVO D4204T14
V40/S60/V60/XC60

20.48 bar

15.8:1

☐ 웨이스트게이트 터보×2
(시퀀셜)
☐ 덴소 솔레노이드 : 2500bar
☐ NOx흡장환원촉매, DPF

출시 예정!

JAGUAR AJ200D
XE

18.0 ~19.8 bar

15.5:1

☐ 가변용량터보×1
☐ 보쉬 솔레노이드 : 1800bar
☐ 미확인

VOLKSWAGEN EA288
PASSAT 140kW

24.4 bar

16.2:1

☐ 가변용량터보×1
☐ 보쉬 솔레노이드 : 1800bar
☐ 미확인

PSA DW10
PEUGEOT 308

22.53 ~29.00 bar

16.7:1

☐ 가변용량터보×1
☐ 보쉬 피에조 : 1800bar
☐ 미확인

디젤엔진의 기초이론

BASICS OF DIESEL ENGINE

흡입/압축한 공기의 온도가 고온으로 상승한 실린더 안으로 연료가 분사되면, 연료분자를 구성하는 원자 안에서 전자운동이 활발해진다. 물을 끓이면 보글보글 거리며 거품이 생기는 현상도 전자의 움직임이 활발해져 일어나는 현상이다. 연료분자 일부가 붕괴되면 거기에 산소분자가 달라붙어 연소가 시작된다.

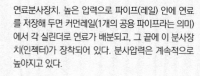

연료분사장치. 높은 압력으로 파이프(레일) 안에 연료를 저장해 두면 커먼레일(1개의 공용 파이프라는 의미)에서 각 실린더로 연료가 배분되고, 그 끝에 이 분사장치(인젝터)가 장착되어 있다. 분사압력은 계속적으로 높아지고 있다.

분사된 연료가 연소되는 상태의 그림. 이 그림은 연소가 시작되어 피스톤이 하강하기 시작한 상태를 나타낸다. 최초로 연소된 불꽃이 피스톤 바로 위에 남아 있고, 그 위에 새로운 연료가 분사되고 있다. 연료는 넓은 범위로 균등하게 분사된다.

가솔린엔진이나 디젤엔진 모두 피스톤 스커트 부분에는 이렇게 표면처리된 부분이 있다. 실린더 벽면과의 사이에서 마찰을 줄여주거나, 오일을 확산시키거나 유지하는 등의 역할을 한다.

동시다발적으로 일어나는 착화

연소는 순식간에 「펑~」하고 전체가 타는 것 같은 느낌이다. 압축된 공기 안에는 거의 균등하게 산소(O_2)분자가 산재해 있고, 게다가 고온이기 때문에 원자결합이 느슨한 상태이다. 배고픈 물고기가 많이 있는 수조에 모이를 뿌렸다고 했을 때, 순식간에 다 먹어치우듯이 연료분자는 여기저기서 동시다발적으로 붕괴되기 시작한다.

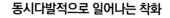

BASICS OF **1** DIESEL

점화플러그를 사용하지 않고 연료를 「자기착화」 시킨다

본문 : 마키노 시게오   그림 : 아우디/만자와 고토미

디젤엔진과 가솔린엔진의 가장 큰 차이는 점화(스파크) 플러그가 있느냐 없느냐이다.
디젤엔진에서는 연료를 분사하기만 하면 불꽃을 튀기지 않아도 자연적으로 연소가 시작된다. 그 이유는 실린더 안의 공기 온도가 높기 때문이다.

공기를 흡입하여 실린더(기통)에 담아두었다가 압축해 온도를 올리고 나서 연료를 분사하여 착화시키는 것이 디젤엔진이다. 아래 그림에서 가솔린엔진과 디젤엔진의 차이를 나타냈는데, 연료를 태운다는 점에서는 양쪽이 똑같다. 태우는 방법과 연료가 다른 것이다.

디젤엔진의 연료인 경유는 착화가 쉽다. 가솔린은 불꽃 등으로 고온부분을 만들고 거기에 착화시키면, 다음은「인화(引火)」에 의해 저절로 타들어간다. 아직 타지 않은 연료성분으로 차례차례 불꽃이 확산되는 것을 화염의 전파라고 한다. 한편 경유는, 불꽃이 없어도 착화된다. 압축되어 고온으로 올라간 공기 속으로 연료를 분사하면 연료 알갱이가 주위의 온도에 의해 뜨거워지고, 연료분자 안에서는 전자의 움직임이 활발해진다. 전자가 하나라도 튀어나가면 그곳으로 산소가 달라붙어 산화반응이 시작된다.

디젤엔진을 설명할 때는「연료와 공기가 딱 좋은 비율(공연비)이 된 시점에서 연소가 시작된다」고 이야기한다. 하지만 실제로는 연료분자가 열에 의해 뜨거워지고, 최초로 전자가 튀어나가 탄소(C)와 수소(H)의 결합이 해체된 시점에서 바로 산소(O)원자가 들어가면 발열반응이 시작된다. 이것과 똑같은 반응이 주위에서 연속적으로 일어나기 때문에 밖에서 보았을 때는「동시다발점화」로 보인다. 이렇게 설명하는 것이 더 정확할 것이다.

디젤엔진이 성공한 이유는 연료가 경유라는 점으로 귀결된다. 만약 디젤엔진에 잘못해서 가솔린을 넣었다면 연소는 일어나지 않는다. 반대로 가솔린엔진에 경유를 넣어도 불꽃점화되기 전에 저절로 연소가 일어난다. 때문에 일본에서는 가솔린은 적색, 경유는 녹색으로 착색하여 판매한다.

가솔린엔진에는「잘 타지 않는」연료가 필수이고, 디젤엔진에는「잘 타는」연료가 요구된다. 덧붙이자면, 점화 플러그를 사용하지 않는 디젤 사이클은 가솔린을 점화해 연소시키는 오토 사이클보다 16년이나 늦게 이론이 확립되면서 특허취득이 이루어진 방식이다. 엄밀하게 말하면, 자동차용 압축착화 엔진은 루돌프 디젤의 이론에 의한 등압(等壓) 사이클이 아니라 복합 사이클로 작동한다.

공기를 가둬두고 압축하면…

공기를 실린더에 흡입하여 압축하면 온도가 상승한다. 탁구공을 라켓으로 테이블에 내리쳤을 때, 라켓과 테이블과의 거리를 단축하면 공이 튀어오르는 횟수가 늘어난다. 이와 마찬가지로 공기 중의 분자가 점점 심하게 움직이며 돌아다니게 되면 온도는 상승한다. 왼쪽 그림의 가장 위쪽이, 압축이 끝난 상태를 나타낸 것이다. 이 시점에 연료가 분사된다.

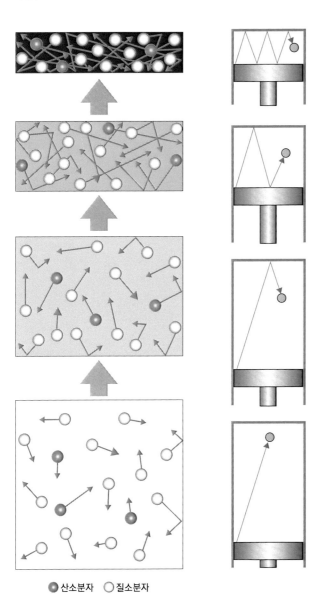

●산소분자 ○질소분자

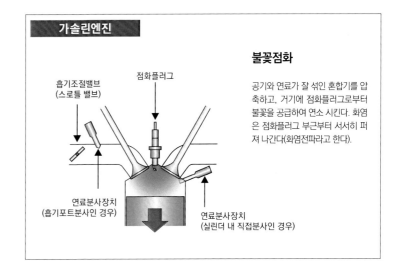

가솔린엔진

흡기조절밸브 (스로틀 밸브)
점화플러그
연료분사장치 (흡기포트분사인 경우)
연료분사장치 (실린더 내 직접분사인 경우)

불꽃점화

공기와 연료가 잘 섞인 혼합기를 압축하고, 거기에 점화플러그로부터 불꽃을 공급하여 연소 시킨다. 화염은 점화플러그 부근부터 서서히 퍼져 나간다(화염전파라고 한다).

	스로틀 밸브	점화플러그	연료투입		연료	열효율	배기가스대책
			실린더 안	실린더 밖			
오토사이클	○	○	○	○	가솔린	약30%	약간 어려움
디젤사이클	불필요	불필요	○	△	경유	약40%	어려움

오토 사이클(가솔린)과 디젤 사이클의 특징을 간단하게 정리하면, 위 표와 같다. 디젤엔진은 열효율이 뛰어난 반면, 배기가스 처리가 오토 사이클보다 어렵다. 그리고 일반적으로 디젤엔진은 저속회전엔진, 오토엔진은 고속회전엔진. 양쪽이 공존하는 이유도 여기에 있다. 연소실 주변의 외관적 특징은 위/아래 그림과 같다.

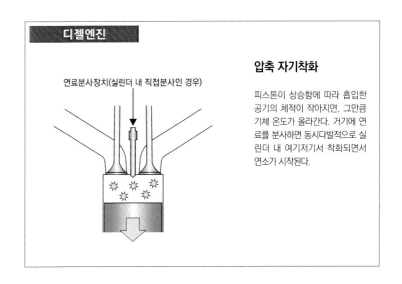

디젤엔진

연료분사장치(실린더 내 직접분사인 경우)

압축 자기착화

피스톤이 상승함에 따라 흡입한 공기의 체적이 작아지면, 그만큼 기체 온도가 올라간다. 거기에 연료를 분사하면 동시다발적으로 실린더 내 여기저기서 착화되면서 연소가 시작된다.

공기를 밀어넣고 압축시켜 일의 양을 증가시킨다

본문 : 마키노 시게오   그림 : 보쉬

왜 디젤엔진은 연비가 좋을까(열효율이 높을까)?
그 이유는 많은 양의 공기를 실린더 안으로 밀어 넣는 「과급」과 높은 압축비. 거기에 경유라는 연료가 갖는 특성에 이유가 있다.

디젤엔진에서의 연소

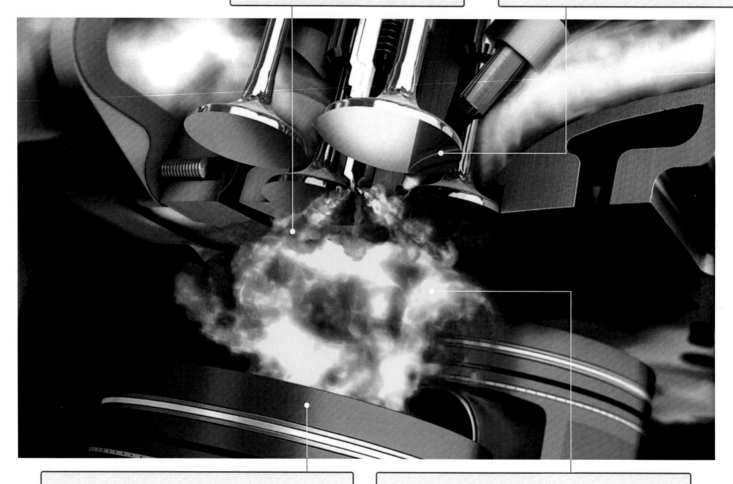

연소가 막 시작되었을 때와 연소가 끝나는 시점이 가까워질 때는 연소온도가 낮다. 이것이 화염으로 보았을 때는 「노란 부분」이다. 연소가 끝날 무렵은 열 발생도 끝난 상태이지만, 분자를 고속으로 비산시키는 압력은 아직 남아 있다.

대부분의 디젤엔진은 피스톤에 대해 흡기/배기 밸브가 직립으로 장착되어 있다. 이것은 연소실표면을 최소면적으로 만들기 위한 것이다. 압축비를 높이는 동시에 열의 「분산」인 냉각손실을 작게 하려면 납작하고 얇은 연소실이 적합하다.

압축비가 높기 때문에 디젤엔진의 피스톤은 큰 팽창력을 받아낸다. 그 때문에 피스톤은 가솔린엔진처럼 날씬하게는 안 된다. 근래의 저압축비 디젤엔진은 기통용적에 대해 피스톤이 작아지고(날씬해지고) 있다.

연소가 가장 활발해진 부분은 백색에 가까운 황색 부분이다. 그것이 여기저기서 존재한 상태에서 동시다발적으로 연소가 진행되는 점이 디젤엔진의 특징이다. 반면에 가솔린엔진에서는 화염이 커져 점점 퍼져나가면서(전파) 연소가 진행된다.

디젤엔진(Diesel Engine)에서 배기포트 바로 부근의 온도를 측정하면, 근래에는 830℃ 정도나 되는 경우가 많다. 가솔린엔진 같은 경우는 1200℃를 가볍게 넘어 1500℃에 달하는 예도 있다. 디젤엔진은 연소온도가 낮다. 연소온도가 낮다는 것은 그만큼 「힘이 안 나온다는 얘기?」라고 생각하는 사람도 있을 것이다. 그러나 그렇지 않다. 연소온도가 높다→배기가스 온도가 높다는 것은 연소에너지가 「피스톤을 밀어내리는 힘」으로 변환되는 비율이 작다는 의미이기도 하다. 디젤엔진이 가솔린엔진보다 열효율이 뛰어난 이유 중 하나가 이 배기가스 온도이다.

앞 페이지에서 디젤엔진은 「플러그 점화가 필요 없다」고 설명했다. 공기를 실린더에 밀어넣고 압축한 다음, 고온이 된 시점에 연료를 분사한다고. 그러나 가솔린엔진에도 압축행정이 있어서 「압축비」라는 말이 있다. 디젤엔진의 압축과 가솔린엔진에서의 압축은 어떻게 다를까. 이것을 살펴보아야 한다.

위 그림은 「압축비가 높다」는 의미를 설명한 것이다. 일반 승용차 디젤엔진은 현재, 압축비 15~16 정도이다. 이것은 피스톤이 다 내려간 상태(하사점), 즉 그림의 ①의 상태와 피스톤이 상승을 마친(상사점) 상

「압축비가 높다」는 의미

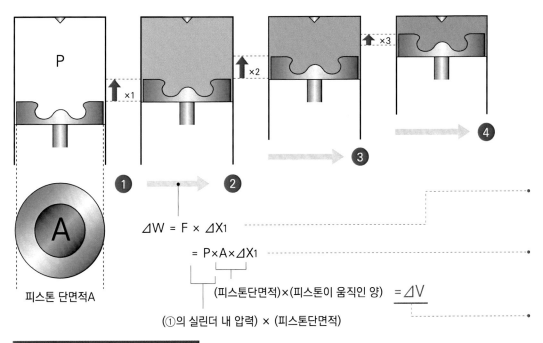

$$\Delta W = F \times \Delta X_1$$
$$= P \times A \times \Delta X_1$$

(①의 실린더 내 압력) × 피스톤단면적

(피스톤단면적)×(피스톤이 움직인 양) $= \underline{\Delta V}$

피스톤 단면적A

$$W(일) = F(힘) \times X(거리)$$

피스톤이 압축 전 상태 ①에서 ②③을 거처 상사점에 도달한 연료분사 전후의 ④까지의 일의 양을 모두 더하면 피스톤 이동량은 「X₁+X₂+X₃」가 된다. ①→②→③→④까지의 ⊿W를 더하면 ④상태에서의 실린더 내 압력이 된다. 즉, 압축비가 높다는 것은 ①과 ④와의 체적차이가 크다는 뜻이 된다.

피스톤이 실행한 일의 양은 「어느 정도의 힘으로 흡입기체를 눌러」「얼마만큼의 거리(행정)을 이동했느냐」로 나타낼 수 있다.

실린더 내로 흡입되어 밀폐된 공기 입장에서 보면, 피스톤이 수행한 일을 「받아들인」 것이 된다. 이 일의 양은 「어느 정도의 힘으로 밀려서」「체적이 어느 정도 작아졌느냐」가 된다.

델타 브이라고 읽는다. 이것은 「변위체적」의 의미로, 피스톤이 상승함에 따라 흡입기체의 체적이 어느 정도 작아졌느냐를 나타낸다. 이 수치에 그 때의 실린더 내 압력(P)을 곱하면 ⊿W, 즉 피스톤이 수행한 일의 양이된다. 압축비가 높으면 ⊿W는 커진다.

경유와 가솔린의 특성 비교

	경 유	가솔린
발열량	38.2MJ/ℓ	34.6MJ/ℓ
탄소수	10~20	4~10
비 점	180~350℃	120~220℃
성 질	착화가 쉽다	인화가 쉽다
이론공연비	14.8~14.9정도	14.7
주성분	탄화수소	탄화수소

석유계열 연료는 그것을 정제하는 단계에서 「무게」로 분류된다. 가장 무거운 것은 탄소성분 덩어리 같은 중유이고, 가장 가벼운 성분은 가스형상이 된다. 경유는 「가볍다(輕)」기 보다 「중간적(中)」인 무게이다. 분류상으로는 중간유분(留分)에 해당한다. 가솔린은 경유보다 더 가벼운 성분이 중심이 되는데, 일본에서는 경유 수요가 적기 때문에 경우를 더 분해해 가솔린의 원료가 되는 성분을 추출하고 있다.

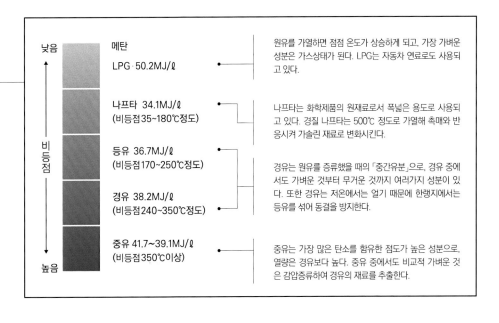

원유를 가열하면 점점 온도가 상승하게 되고, 가장 가벼운 성분은 가스상태가 된다. LPG는 자동차 연료로도 사용되고 있다.

나프타는 화학제품의 원재료로서 폭넓은 용도로 사용되고 있다. 경질 나프타는 500℃ 정도로 가열해 촉매와 반응시켜 가솔린 재료로 변화시킨다.

경유는 원유를 증류했을 때의 「중간유분」으로, 경유 중에서도 가벼운 것부터 무거운 것까지 여러가지 성분이 있다. 또한 경유는 저온에서는 얼기 때문에 한랭지에서는 등유를 섞어 동결을 방지한다.

중유는 가장 많은 탄소를 함유한 점도가 높은 성분으로, 열량은 경유보다 높다. 중유 중에서도 비교적 가벼운 것은 감압증류하여 경유의 재료를 추출한다.

태, 즉 그림의 ④를 비교했을 때, ④를 1로 보면 ①은 15~16이 된다는 뜻이다. 이 숫자가 클수록 압축비가 「높다」. 그림과 함께 피스톤이 「수행할 일의 양」을 설명하고 있으므로 살펴보기 바란다. 그리고 연소에 의해 이번에는 압축된 공기가 팽창한다. 그림의 ④에서 ①로 피스톤이 밀려 내려가는 것이다. 압축비가 클수록 이 팽창비도 커진다.

또 하나 중요한 요소가 과급이다. 디젤엔진의 흡기계통에는 스로틀 밸브가 없다. 흡기 통로를 조여서 공기가 「들어가기 어렵게 하는」, 가솔린엔진에서는 당연히(필수는 아니다) 있는 스로틀 밸브가 없다. 흡기

밸브를 열면 공기는 계속 들어간다. 또한 근래의 디젤엔진은 터보차저를 사용해 계속 공기를 밀어넣는(이것을 과급이라고 한다) 방식으로, 연료가 분사되는 장소에는 공기가 풍부하게 존재한다. 이것이 희박연소(Lean Burn)로서, 앞서 언급했듯이 연소온도가 과도하게 올라가지 않는 이유이다. 엔진의 열은 냉각수를 통해 방출되어야 하지만, 디젤엔진에서는 냉각수가 하는 일이 적다. 다시 말하면 「냉각손실이 적다」.

경유라는 연료의 성질도 디젤엔진의 연소와 깊은 관계가 있다. 위 표에서 석유 연료의 성질을 정리했지만, 경유는 탄소수가 가솔린보다 많다. 많은 액체연료

는 탄소와 수소를 포함하는데, 이 탄소수가 「발열량」에 관계하고 있다. 같은 양의 연료를 사용했을 때, 가솔린보다 경유 쪽이 발열량이 크다. 하지만 연소온도는 과도하게 올라가지 않는다. 공기 과잉 상태에서 그리고 연료분사가 진행되는 동안 계속적으로 연소가 진행되면서 피스톤에 일을 하기 때문이다. 그렇기 때문에 디젤엔진의 열효율이 양호한 것이다.

연료에 많은 탄소 분자를 포함하고 있는데
이산화탄소 배출이 적은 이유

본문 : 마키노 시게오   그림 : 보쉬/만자와 고토미

같은 토크를 생성하고 있는 상태에서 비교하면, 디젤엔진이 가솔린엔진보다 연비가 35%나 좋다는 데이터가 있다.
그 이유는 「과급압력」「고압축비」「희박 연소」「교축 손실이 없는」 등,
디젤엔진으로서의 기계적 특징과 연료가 가진 성질이 모두 서로 밀접하게 관련된 결과이다.

우측의 분자구조는 경유 성분 중에서 세탄가(Cetane價)가 가장 높은 헥사데칸(n-세탄이라고도 한다)으로, 탄소 16개와 수소 34개로 구성되어 있다. 흡기에 들어있는 산소와 반응해 뿔뿔이 분해된다. 이것을 태웠을 때의 세탄가가 100. 즉 디젤 노킹이 가장 일어나기 힘들다. 경유 성분은 분자끼리의 결합이 비교적 느슨한 알칸이라 불리는 상태이기 때문에 간단히 붕괴되지만, 가솔린 분자는 결합이 강한 것이 많아 불꽃으로 고에너지를 가하지 않으면 붕괴되지 않는다.

산소

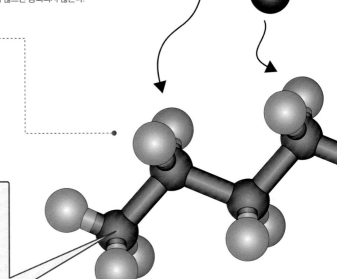

C(탄소)가 많으면 CO$_2$도 늘어날 것이라 생각하지만…

앞 페이지 표에서 나타냈듯이 경유는 가솔린보다 발열량이 크고, 이론공연비는 거의 동일하다. 연료 안에 탄소량이 많으면 CO$_2$(이산화탄소) 발생량도 당연히 늘어나야 하지만, 흡입 공기량에 비교하면 그렇지가 않다. 먼저 디젤엔진은 스로틀 밸브가 없어 항상 충분한 양의 공기가 들어온다. 터보차저를 사용해 더 많은 공기를 밀어 넣을 때도 가솔린엔진처럼 노킹(플러그 점화하기 전에 저절로 불이 붙는 현상)을 걱정해 과급압을 낮출 필요가 없다. 항상 충분한 공기 안에서 연소시키는 것이다. 다시 말하면 희박연소이다. 또한 앞에서 언급했듯이 압축비가 높기 때문에, 같은 양의 연료를 사용했을 때 끌어낼 수 있는 힘이 크다. 그리고 대량의 공기를 사용하는 희박연소를 바탕으로 저회전속도 영역부터 큰 힘을 얻을 수 있기 때문에 엔진회전속도를 높일 필요가 없다. 지금 유행하는 다운스피딩(Down Speeding)이다. 이런 것들이 디젤엔진이 좋은 연비를 내는 이유이다. 즉, 출력/토크에 비해 CO$_2$ 배출은 적다. 이 효과는 연료 안의 탄소수 양을 보충해도 여유가 있을 정도이다.

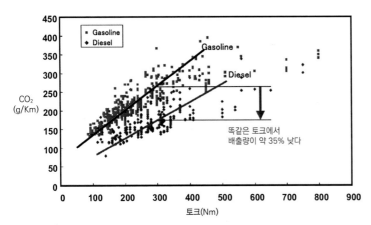

충분한 공기를 사용해 저회전속도 영역에서 작동시킨다.

가솔린엔진과 디젤엔진을 토크 발생정도가 같은 상태에서 비교한 그래프. 횡축이 발생 토크이고, 종축이 CO$_2$ 발생량이다. 토크 300Nm 지점에서 비교하면, CO$_2$ 발생량은 가솔린 쪽이 약 35% 많다. 더 큰 토크에서는 이 차가 조금 더 벌어진다. 대형 트럭에 디젤엔진만 사용하는 이유 중 하나이다.

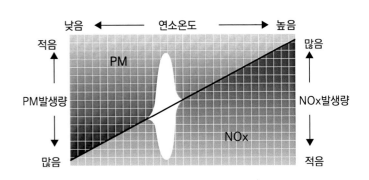

PM과 NOx의 상관관계는
「이쪽을 높이면 저쪽이 낮아지는 상반 관계」

NOx와 PM은 「양쪽을 한꺼번에 줄이는 것은 어렵다」. 그 현상을 간단한 그래프로 나타내 보았다. 다음 페이지의 그래프에서 그레이/베이지 부분의 관계가 보일 것이다. 그리고 한 순간이나마 양쪽의 발생을 억제시키는 예혼합점화(PCI)연소가 좁은 영역이지만 존재한다.

■ 펌핑 손실이 없다 →

가솔린엔진에는 스로틀 밸브가 있어서, 특히 저회전속도에서 공기의 「흡입」이 나쁘다. 또한 주사기로 공기를 빨아들이는 것처럼 「흡기저항」이 발생한다.

■ 고과급이다 →

노킹 걱정이 없기 때문에, 가솔린엔진에서는 불가능한 양의 공기를 실린더로 밀어넣을 수 있다. 그만큼 연소압력이 커져 피스톤을 밀어내리는 힘도 커진다.

■ 압축비가 높다 →

흡기의 체적을 아주 작게 하기 때문에, 그만큼 연소할 때의 팽창률도 커진다.

■ 희박연소를 한다 →

실린더로 밀어넣은 공기에 대해 소량의 연료만 사용한다. 냉각손실도 적다.

■ 가속페달의 응답성이 좋다 →

가솔린엔진은 흡기량이 늘지 않으면 힘을 낼 수 없지만, 디젤은 연료 분사량을 변경하는 것만으로 출력과 토크를 변화시킬 수 있다.

■ 낮은 CO_2 →

연료 자체의 발열량이 가솔린보다 클 분 아니라 고과급 · 고압축비이기 때문에 같은 힘을 낼 때의 CO_2배출량은 상대적으로 가솔린엔진에서보다 적다.

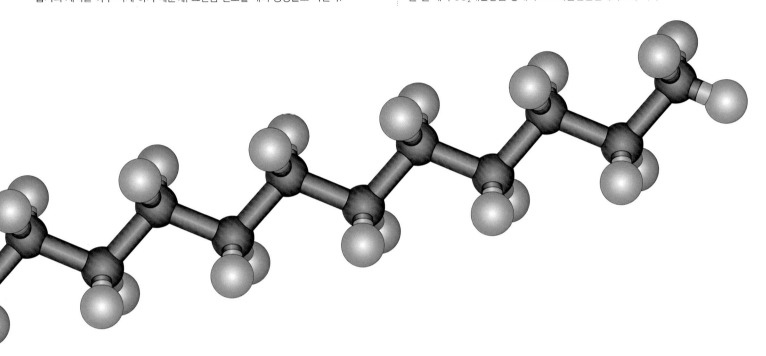

φ-T맵이 말해주는 디젤의 현실

φ : 당량비(연료와 공기의 혼합비율)

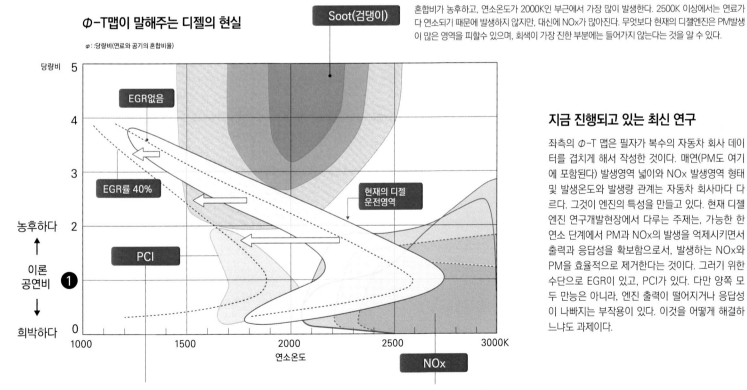

Soot(검댕이)

혼합비가 농후하고, 연소온도가 2000K인 부근에서 가장 많이 발생한다. 2500K 이상에서는 연료가 다 연소되기 때문에 발생하지 않지만, 대신에 NOx가 많아진다. 무엇보다 현재의 디젤엔진은 PM발생이 많은 영역을 피할수 있으며, 회색이 가장 진한 부분에는 들어가지 않는다는 것을 알 수 있다.

지금 진행되고 있는 최신 연구

좌측의 φ-T 맵은 필자가 복수의 자동차 회사 데이터를 겹치게 해서 작성한 것이다. 매연(PM도 여기에 포함된다) 발생영역 넓이와 NOx 발생영역 형태 및 발생온도와 발생량 관계는 자동차 회사마다 다르다. 그것이 엔진의 특성을 만들고 있다. 현재 디젤엔진 연구개발현장에서 다루는 주제는, 가능한 한 연소 단계에서 PM과 NOx의 발생을 억제시키면서 출력과 응답성을 확보함으로서, 발생하는 NOx와 PM을 효율적으로 제거한다는 것이다. 그러기 위한 수단으로 EGR이 있고, PCI가 있다. 다만 양쪽 모두 만능은 아니라, 엔진 출력이 떨어지거나 응답성이 나빠지는 부작용이 있다. 이것을 어떻게 해결하느냐도 과제이다.

예혼합점화연소(Premixed Compression Ignition Combustion)는 흡기를 압축하는 단계에서 소량의 연료를 분사해 가솔린엔진 같은 혼합기를 만들고 나서 정식 분사를 하는 방법이다. 마쓰다와 도요타는 이런 방식을 사용하고 있다.

NOx 발생영역을 그래프에 겹쳐 보았다. 당량비 1~2에 연소온도 2500K에서도 「NOx가 거의 발생하지 않는」엔진이 있는가 하면, 같은 영역에서 NOx 발생이 많은 엔진도 있다. 평균해 보면 1 이하의 당량비, 연소온도 2100K 부근에서 NOx의 발생이 시작되고 있다.

CHAPTER 2

연료분사 장치

FUEL INJECTION SYSTEM

아무리 이상적인 연소를 생각해 냈다 하더라도 머릿속에만 있어서는 의미가 없다.
기술자가 그린 연소를 실현하는 핵심이 되는 기술이 커먼레일 시스템이라는 고압연료분사 장치이다.
1995년에 덴소가 개발한 장치는 그 후 고압화와 동시에 다단분사 회수와 정밀도를 높여가고 있다.
분사압력은 3000bar가 시야에 들어오고 있지만, 고압화로 인해 얻을 수 있는 이익의 한계가 나타나고 있어서 고압화 일변도만은 아니다.

본문 : 마키노 시게오   그림 : 아우디/만자와 고토미

디젤엔진은 압축을 통해 고온으로 올라간 연소실 (정확하게는 피스톤 헤드 면의 들어간 부분)에 자기착화온도가 낮은 (약250℃) 경유를 직접분사해 압축착화로 연소시키는 원리 상, 연료 분사 시기에 치밀한 정밀도가 요구된다. 자기착화한 화염 안으로 분사되어 연소하는 확산연소도 이루어지기 때문에, 연료무화가 부분적으로 상당히 농후(연료과다=산소가 부족하다)한 혼합기를 형성해 비등하면서 연소함으로서 대량의 그을음이 일어나기 쉬워진다. 고부하가 될수록 연료분사량은 증가하기 때문에 매연은 발생하기 더 쉬워진다.

그렇게 되지 않도록 하려면 연료분무를 미립화시켜야 한다. 분무가 미립화되면 충분히 안개처럼 되어 공기와 섞이기 때문에 매연 발생을 억제시킬 수 있다. 조그만 분사구멍에 높은 압력을 가할수록 분무의 미립화는 촉진된다. 이것이 연료분사의 고압화가 진행되는 이유이다.

저회전 영역부터 고회전 영역까지 회전속도에 의존하지 않고 높은 압력을 발생시킬 뿐만 아니라 다단분사를 가능하게 한 것이 전자제어 유닛과 고압연료펌프, 연료공급 파이프(커먼레일), 고압 인젝터를 조합한 전자제어식 고압연료분사 장치이다. 고압의 연료

를 저장해 두는 금속제 파이프가 장치 전체를 나타내는 이름으로 이용되고 있는데, 이 커먼레일 시스템이 디젤엔진의 표준 연료분사 장치로 도입된 것은 오래 전의 일이다. 인젝터는 피에조 방식, 솔레노이드 방식과 같이 분사압력의 고압화가 어디까지 진행될 것이냐는 논의가 되기 십지만, 진짜로 바라는 것은 응답성이 좋아야한다는 것과 미립화이다. 이는 유해배출물과 연비, 소음을 개선하는 것이 목적이다. 압력을 올리지 않고 별도의 수단으로 실현할 수 있다면 그것보다 좋은 것은 없으므로, 부단한 연구개발이 계속되고 있다.

[커먼레일 시스템] Common Rail System

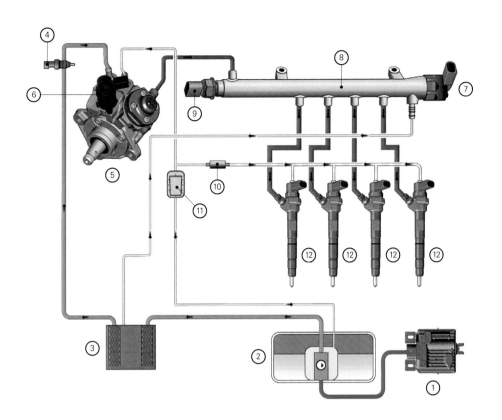

VW EA288의 연료분사 장치

① 연료펌프 제어 모듈 (Fuel Pump Control Module)
② 트랜스퍼 연료펌프 (Transfer Fuel Pump)
③ 연료필터 (Fuel Filter)
④ 연료온도센서 (Fuel Temperature Sensor)
⑤ 고압펌프 (High Pressure Pump)
⑥ 연료 계량 밸브 (Fuel Metering Valve)
⑦ 연료압력 조절 밸브 (Fuel Pressure Regulator Valve)
⑧ 커먼레일 (Common Rail)
⑨ 연료압력 센서 (Fuel Pressure Sensor)
⑩ 압력 유지 밸브 (Pressure Retention Valve)
⑪ 맥동 댐퍼 (Pulsation Damper)
⑫ 연료 인젝터 (Fuel Injector)

커먼레일 시스템(전자제어방식 고압연료분사 장치)의 일반적인 구성. 연료탱크 안에 있는 저압펌프로 송출한 연료는 고압펌프를 통해 소정의 압력으로 높아진다. 고압펌프는 크랭크축과 연결된 벨트구동 혹은 캠 샤프트로 구동되어 연료에 압력을 계속 가한다. 가압된 연료는 실린더 간에 공유되는 파이프(커먼레일) 내부에 저장되어 있다가 운전상태에 맞춰 고압 인젝터를 통해 실린더 내로 분사된다. 가속페달에서 발을 떼었을 때 등은, 레일 안의 연료압력을 신속히 낮추기 위해 연료압력 조절 밸브를 열어 연료를 탱크로 복귀시킨다.

━━ ⋯ 고압연료
▭▭ ⋯ 연료 복귀
▬▬ ⋯ 연료 공급
▪▪▪▪ ⋯ 인젝터로부터의 연료 복귀

볼보 V40 Drive-E D4 엔진

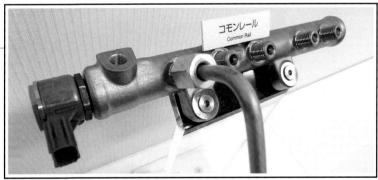

Common Rail

볼보가 자체적으로 개발한 2.0ℓ · 직렬4기통. 고압연료분사 장치는 덴소제품이다. 2500bar의 압력에 견디는 커먼레일이다(우측). 연결되어 있는 배관은 입구. 좌측 끝으로 보이는 것이 프레서 릴리프 밸브(연료압력 조절 밸브)이다.

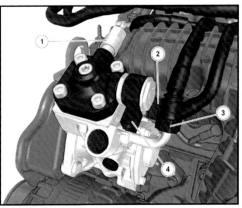

고압펌프

① 고압 출구 (High Pressure Outlet)
② 입구 (Inlet)
③ 연료 복귀 (Fuel Return)
④ PCV (Pre-stroke Control Valve)

덴소 제품의 경우는 타이밍 벨트로 고압펌프를 구동. 싱글 실린더 피스톤으로 압력을 높인다. PCV는 펌프로 유입되는 연료량을 조정하는 역할을 한다. PCV 개방시간을 조절함으로서 가압되는 연료량을 조절하고, 이를 바탕으로 연료압력을 조절한다.

인젝터 | Fuel Injector |

기계식 펌프인 시대에 최고 분사압력은 수 백 기압 (수 백 bar) 정도였다. 펌프는 1회 분사하는 만큼 연료를 압축해 각 인젝터에 보내는 방법으로서, 압력은 회전속도에 의존했기 때문에 저회전속도 영역에서는 낮은 압력 밖에 발생시킬 수 없었다. 분사시기나 분사기간도 기계적으로 정해지기 때문에 연소를 제어하는 수준에는 도달하지 못했다.

커먼레일 시스템이라 이름 붙여진 전자제어 고압연료분사 장치에 의해 고압화와 치밀한 분사시기 및 분사기간제어가 가능해졌다. 인젝터에는 솔레노이드 방식과 피에조 방식 2종류가 있다. 분사구멍을 개방하는 기구에 솔레노이드(전자석)를 사용하느냐, 피에조(압력을 가하면 변형되는 소자)를 사용하느냐의 차이이다. 둘 다 분사하지 않을 때는 연료압력을 이용한 피스톤으로 노즐에 니들을 밀어붙여 닫아 두고, 전기신호에 의해 피스톤에 작용하는 압력을 낮추어 노즐을 여는 구조이다. 솔레노이드 방식은 전기신호에 의해 솔레노이드를 움직임으로서 제어실 압력을 낮추고, 피에조 방식은 전압에 의한 소자 변형으로 압력을 낮추는 구조이다. 원리적으로는 피에조 방식이 크기가 작고, 고압화, 응답성(사이클 당 분사회수) 면에서 뛰어난 편이다.

일반적으로는 피에조가 상위이고 솔레노이드는 하위라는 인상이지만, 그렇게 단정할 수만도 없다. 「피에조는 상당히 고응답이지만, 소자 수명에 대한 문제가 있다거나, 열에 약한 성질이 승용차용으로는 그렇게까지 수명이 요구되지 않기 때문에 사용할 수 있지만, 150만km 보증을 요구받는 상용차에는 사용할 수 없습니다. 가격적인 면까지 포함해 종합적인 균형 관점에서 결정하는 것이 실상입니다」라고 덴소 엔지니어는 설명한다.

예를 들면, 피에조 방식을 사용하는 마쓰다 CX-5의 경우, 압축비가 낮기(14:1) 때문에 과제가 되는 저온 시동성을 확보하기 위해, 무화가 좋아지는 피에조 방식의 특징을 살리고 있다고 한다.

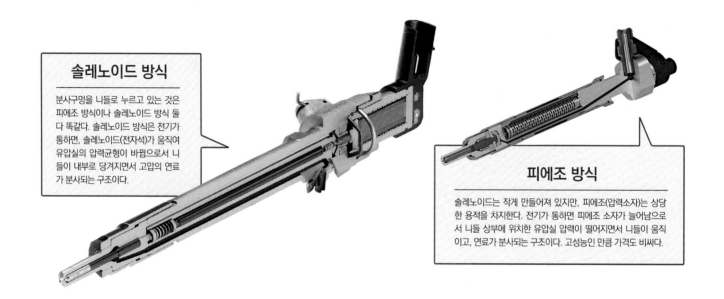

솔레노이드 방식

분사구멍을 니들로 누르고 있는 것은 피에조 방식이나 솔레노이드 방식 둘 다 똑같다. 솔레노이드 방식은 전기가 통하면, 솔레노이드(전자석)가 움직여 유압실의 압력균형이 바뀜으로서 니들이 내부로 당겨지면서 고압의 연료가 분사되는 구조이다.

피에조 방식

솔레노이드는 작게 만들어져 있지만, 피에조(압력소자)는 상당한 용적을 차지한다. 전기가 통하면 피에조 소자가 늘어남으로서 니들 상부에 위치한 유압실 압력이 떨어지면서 니들이 움직이고, 연료가 분사되는 구조이다. 고성능인 만큼 가격도 비싸다.

솔레노이드 식 인젝터의 작동

솔레노이드 방식 인젝터의 분사 원리

인젝터의 니들(침)은 고압의 연료압력과 스프링을 통해 닫힌 상태에서 유지되고 있다. 엔진제어 컴퓨터의 지령에 의해 솔레노이드에 전압이 가해지면, 아마추어(밸브)가 움직여 리턴 배관 쪽의 유로가 열리고, 밸브 컨트롤 챔버(제어실)의 압력이 복귀 배관 쪽으로 유도된다. 전압이 없어지면 아마추어~니들이 내려가 노즐의 분사구멍을 막는다.

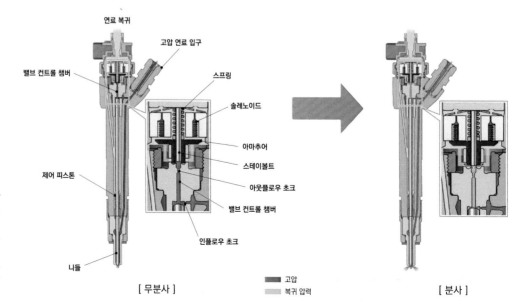

연료 복귀
고압 연료 입구
밸브 컨트롤 챔버
스프링
솔레노이드
아마추어
스테이볼트
아웃플로우 초크
제어 피스톤
밸브 컨트롤 챔버
인플로우 초크
니들

[무분사]

■ 고압
■ 복귀 압력

[분사]

→ 다단분사 메커니즘과 의미

다단분사를 하는 것은 연소소음과 유해배출물 저감이 목적이고, 파일럿 분사는 연소소음을 줄이는 것이 목적이다. 볼보용으로 덴소가 공급하는 시스템(최대 9회분사)을 예로 설명하면, 파일럿 분사는 3000rpm 이하에서 이루어진다. 프리분사는 실린더 내 압력의 너무 빠른 증대를 피하기 위해서로, 소음·진동의 저감이 목적이다. 주분사(Main)에서는 팍~하고 분사했다가 팍~하고 끝내는 것이 중요하다. 애프터 분사는 다 타지 않고 남은 매연을 연소시키기 위해서이다. 포스트 분사는 DPF나 NOx 트랩 촉매를 재생하기 위해 이루어진다.

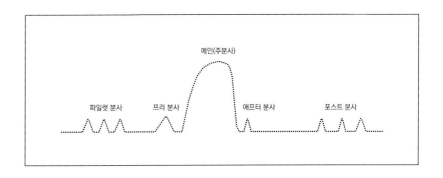

→ 분사구멍 수와 형상

NOx와 PM 둘 다 줄이면서 연비를 향상시키는 기술로 2단 터보나 전동 컴프레서, 저압EGR 개발이나 적용이 진행되고 있는 한편으로, 냉각손실을 저감함으로서 연비를 향상시키는 기술 개발도 진행되고 있다. 그 한 예가 화염이 연소실 벽면에 접촉하지 않도록 하는 기술이다(화염이 벽면에 접촉하면 냉각손실이 증가한다). 예를 들면, 분사구멍에 테이퍼를 주어 저부하/저분사압력일 때는 분무가 적절하게 확산되어(테이퍼 길이와 각도로 확산정도를 제어) 화염의 벽면접촉을 방지한다.

0.1mm 정도의 분사구멍 수나 지름, 위치나 방향은 분무형성이나 연소를 제어하는 중요한 인자로서, 엔진이 어떤 연소를 추구하느냐에 따라 달라진다. 기본적으로는 분사구멍 지름을 작게 하면 분무가 미세화된다. 100분의 1mm 단위를 다루는 기술이다.

	2011	2012	2013	2014	2015	2016	2017	2018	2019	2020	2021	2022
규제	Euro5					Euro6				Euro6c		Euro7
	140g/km				CO₂ 130g/km							CO₂ 95g/km
승용차 & 경트럭	G3P 피에조 시스템 2000bar 【 선택:i-ART, CDS노즐 】								GP4 피에조 시스템 2700bar			
	G3S 솔레노이드 시스템 1800~2000bar											
	G2S 1800bar			G4S 솔레노이즈 시스템 ☆2500bar						G4.5S 솔레노이드 시스템 ☆2700bar		
				정적 리크레스(Leakless) 솔레노이드/싱글 실린더 펌프/【 선택:i-ART,CDS노즐 】								
미디엄 듀티 (Medium Duty) & 헤비 듀티 (Heavy Duty)	G3S 솔레노이드 시스템 1800~2000bar											
	G2S 1800bar			G4S 솔레노이드 시스템 ☆2500bar						G4.5SH 솔레노이드 시스템 ☆3000bar		
				정적 리크레스(Leakless) 솔레노이드/【 선택:i-ART,CDS노즐 】/【 선택:i-ART,CDS노즐 】								

고압화 효과

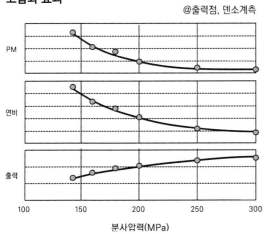

@출력점, 덴소계측

PM

연비

출력

100 150 200 250 300

분사압력(MPa)

↑ 인젝터 로드맵 (덴소의 예)

1995년 제1세대에서 1200bar(상용차)부터 시작된 덴소의 커먼레일 시스템은(승용차용은 1999년에 생산 개시. 1450bar. 둘 다 2회 분사), 2002년에 1800bar인 제2세대(5회분사)로 진화되었다. 현재는 2008년에 등장한 제3세대와, 2013년에 등장한 제4세대가 주류를 차지한다(솔레노이드의 경우). 초고응답 인젝터와 확산 스프레이 노즐, 거기에 i-ART(다음 페이지에서 설명) 3가지를 기둥으로 삼아 엄격해지는 규제에 대응해 나가고 있다.

← 인젝터의 고압화 효과

연료분사압력의 고압화가 진행되고 있지만, 압력상승에 비례해 효과가 높아지기만 하는 것은 아니다. 덴소가 정리한 그래프를 살펴보면, 현시점에서 실용화되어 있는 250MPa(2500bar)를 경계로 PM이나 연비, 출력의 값이 포화상태로 진행되는 경향임을 알 수 있다. 제4세대 커먼레일 시스템은 3000bar까지 예상해 개발을 진행 중이라고 하지만, 「3000bar가 끝은 아니다」라고 강조한다. 다른 수단으로 미립화할 수 있다면 그것보다 좋은 방법은 없다.

i-ART

Intelligent–Accuracy
Refinement
Technology

덴소가 개발한, 각 실린더 분사특성 피드백 기능을 갖춘 최신 인젝터

볼보가 자체개발한 2.0ℓ·직렬4기통 디젤엔진에는 덴소의 i-ART가 탑재되어 있다.
승용차에는 세계 최초로 탑재된 시스템으로, 분사시기 및 분사량의 피드백을 통해 정밀도가 높은 분사를 실현한다.

본문 : 세라 고타   사진 : 사토 야스히로/MFi   그림 : 덴소

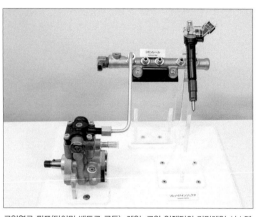

고압연료 펌프(타이밍 벨트로 구동), 레일, 고압 인젝터의 커먼레일 시스템 3점 세트. 인젝터에 압력센서가 장착되어 있기 때문에 커먼레일 쪽에는 탑재되어 있지 않다.

제4세대 솔레노이드 방식 인젝터가 기본. 최대 분사압력은 2500bar. 최신구조를 사용함으로서 정적인 내부 누설(접동부분에서 고압 쪽으로부터 저압 쪽으로 새고, 새게 되면 열에너지로 변환된다)를 제로로 만들어 손실을 저감한다. 분사구멍은 8개.

인젝터 상부에 압력센서를 내장. 분사할 때마다 변화하는 압력을 분사시기, 분사량으로 바꿔 제어한다. 센서를 어떻게 탑재할지, 어떻게 생산할지, 잡음(Noise) 투성이의 신호 안에서 분사파형을 어떻게 추출할지 등, 과제가 상당했다고 한다.

커넥터는 통상 2핀이지만, i-ART는 6핀. 솔레노이드 신호의 고저(高低)로 2접점을 사용. 나머지는 전원공급(5V), 접지, 연료압력 신호, ECU와의 LIN통신(19.2kbit/s)에 사용한다. 인젝터의 해방 단계에서는 50V의 초기전압으로 제어.

NOx나 PM 배출량을 줄이라거나, 연비를 향상시키라는 요구는 높아만 가고 있는데, 이들 요구에 대응하기 위해서는 정밀도가 높은 제어가 필수적이다. 목적한 연소를 실현하려면, 계획한 분사시점에서 계획한 기간 동안, 계획한 양의 연료를 정확하게 분사해야 한다. 그런 엔진개발 담당자들의 요망을 만족시킬 만한 것이 덴소가 개발한 i-ART(intelligent Accuracy Refinement Technology)이다.

단순하게 말하자면 솔레노이드 방식의 고압 인젝터이지만, 압력센서와 메모리 IC를 인젝터 본체에 탑재하고 있다는 점(즉 기전(機電)일체)에 특징이 있다. 기존

의 압력센서는 연료를 모아두는 레일에 탑재하고, 여기서 압력을 측정해 분사량을 제어하는 것이 일반적이었다. 그런데 이 방법 같은 경우는 인젝터에서 떨어진 위치에서 정보를 취하기 때문에 개개의 인젝터가 분사하는 양을 정확하게 읽어들이지 못 한다. 그 때문에 어느 정도의 편차를 감안해 연소를 생각할 필요가 있었다.

i-ART의 경우는 4기통라면 4개 인젝터 각각에 압력센서를 장착. 10만분의 1초 단위로 압력을 검출한다.

「연료를 분사한 만큼 압력은 떨어지기 때문에 그 압력의 변화를 분사량으로 치환하는 것입니다. i-ART를 통해 각 인젝터가 어느 시점에 얼마만큼의 연료를 분

사했는지, 정확하게 파악할 수 있습니다」(나카네 린아키씨)

높은 정밀도로 분사를 관리하고 있다고는 하지만, 인젝터에는 각각 공차 범위에서 생기는 편차도 있고, 계속 사용하면 노화로 인해서도 편차가 발생한다. 제어유닛 쪽은 최적으로 연소시키기 위해 최적의 분사시점에 최적의 기간 동안, 최적의 양을 분사하려고 인젝터에 지령을 내리지만, 선천적 및 후천적인 이유로 인젝터 쪽에 편차가 존재하기 때문에 목적의 연소를 실현할 수 있다고는 단언할 수 없다.

그런데 i-ART로 각 인젝터의 분사시기, 분사량을

i-ART의 분사특성인 피드백 제어

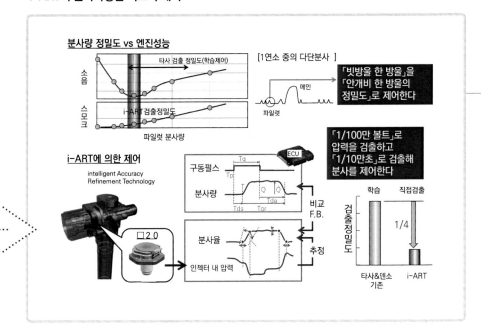

분사량 정밀도 vs 엔진성능

타사 검출 정밀도(학습제어)

i-ART검출정밀도

파일럿 분사량

i-ART에 의한 제어

intelligent Accuracy
Refinement Technology

□2.0

[1연소 중의 다단분사]

메인

파일럿

「빗방울 한 방울」을
「안개비 한 방울의
정밀도」로 제어한다

「1/100만 볼트」로
압력을 검출하고
「1/10만초」로 검출해
분사를 제어한다

구동펄스
분사량
비교 F.B.
분사율
추정
인젝터 내 압력

검출정밀도
학습 직접검출
1/4
타사&덴소 i-ART
기존

분사 중인 압력을, 센서를 통해 다이렉트로 검출한 다음 차재 컴퓨터에서 고속으로 연산해 분사율로 치환함으로서 목표치가 되도록 피드백하는 것이 i-ART의 구조이다. 사이클 별 연소에는 파일럿, 프레, 메인, 애프터, 포스트 같은 분사가 있지만, 타이밍이나 시간도 다른 개별 분사를 검출해 각각의 분사를 피드백 제어한다. 이것을 되풀이함으로서 수명이 다할 때까지 최적의 분사를 보증한다.

개념은 전부터 있었지만, 기술이 쫓아가지 못했던 사례는 구조계산의 자동차에도 말할 수 있는데, i-ART 실용화도 그렇다. ECU가 진화하지 않았더라면 분사량 계산이나 피드백 제어 실현은 되지 않았을 것이고, 센서의 소형화가 안 되었다면 인젝터에 실장하려는 발상은 있었어도 현실은 따라가지 못했을 것이다. 반도체를 기름 범벅인 환경에 노출시키는 환경에 관해서도, 넘어야 할 장애물이 존재했다. 분사, 전자, 센서, 생산기술을 사내에 갖출 수 있는 회사이기 때문에 실현할 수 있었던 기술이기도 하다.

기전(機電)일체, IC/전자/생산기술의 결집

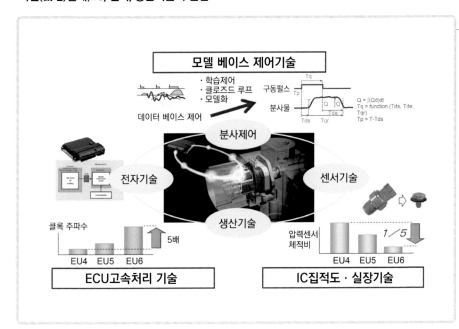

모델 베이스 제어기술

· 학습제어
· 클로즈드 루프
· 모델화

데이터 베이스 제어

구동펄스
분사물

$Q = \int (Qd)dt$
$Tq = function (Tds, Tde, Tqr)$
$Tp = T\text{-}Tds$

분사제어
전자기술   센서기술
생산기술

클록 주파수
EU4 EU5 EU6
5배
ECU고속처리 기술

압력센서 체적비
EU4 EU5 EU6
1/5
IC집적도 · 실장기술

PROFILE

나카네 리아키

주식회사 덴소 디젤시스템 기술부
부장

고지마 쇼와

주식회사 덴소 디젤분사기술부
기술총괄 차장

다나카 켄스케

주식회사 덴소 디젤시스템
기술부 볼보프로젝트 과장

계측하면 편차의 보정이 가능하다. 제어 유닛이 분사하려고 생각한 시점과 양에 대해 분사개시시점과 분사종료시점, 분사기간을 조정함으로서 보정해 나가는 것이다. 앞서 언급했듯이 고압에 노출되는 인젝터는 노화로 인해 분사시기나 분사량이 미세하게 바뀌는데, i-ART 같은 경우는 수명 동안 고정밀도 분사를 보증할 수 있다.

「센서에 의해 검출된 압력에는 잡음(Noise) 등, 다양한 장애물이 따라옵니다. 그것을 어떻게 여과(Filtering)하고, 압력파형에서 분사율 파형으로 변환하느냐에 어려움이 많았다」(나카다씨)고 한다. 「정밀

전자부품을, 엔진룸 안이라고 하는 진동이 크고, 고온에 노출되는 가혹한 장소에 설치한다. 그것도 큰 과제」(고지마씨) 였다.

i-ART는 이상적인 연료량을 각 실린더로 공급하기 위한 시스템으로, 최고 분사압력이나 분사회수와는 연결되어 있지 않다. 볼보의 D4(2.0ℓ · 직렬4기통)와의 조합에 있어서는, 사이클 당 분사회수가 최고 9회(최소분사시간간격 2/10000초)이고, 최고 분사압력은 2500bar이다. 이런 사양들을 조합한 결과, D4는 배출가스양과 연소소음의 저감, 엔진출력의 증가를 양립시켰다. 나아가 연비를 최대 2% 정도 개선할 수 있

는 가능성이 있다고 설명하고 있다. 덧붙이자면, 공전회전속도에서의 압력은 약 350bar. 부분부하에서는 500~1500bar로, 최고 분사압력 2500bar는 고회전 고부하일 때 많은 연료를 짧은 시간 동안에 다 분사하는(그렇게 하지 않으면 타다 남아 매연이 되어 버린다) 영역에서 사용한다고 한다.

i-ART는 분사특성을 피드백 제어할 수 있기 때문에, (예를 들면 지역에 따라 다르다) 연료의 성질과 특성에 상관없이 최적의 분사정밀도를 수명이 다하는 동안 유지할 수 있다는 것도 특징이다.

과급장치

SUPERCHARGING

가솔린엔진의 사양을 조사했을 때 신경이 쓰이는, 터보과급인지 무과급인지에 관한 요건.
디젤엔진에 있어서는 이미 생각할 필요도 없이 반드시 터보과급이다.
환경성능과 출력성능을 양립하고 있는 현대 디젤엔진에는 필수라 할 있는 터보차저와 과급의 의의에 대하여
다시 한 번 그 이유를 생각해 보겠다.

본문 : MFi

가솔린엔진은 실린더 안에 혼합기가 들어있고, 연소가 되는 계기는 불꽃점화이다. 따라서 압축비를 높일수록, 산소농도가 높을수록 노킹이 발생할 가능성도 커진다. 한편으로, 디젤엔진은 압축행정까지 실린더 내에는 기본적으로 공기뿐이기 때문에 노킹과는 관계가 없으며, 출력의 과다와 연소 시점은 현재 주류인 커먼레일 방식의 경우, 연료 분사량과 분사시기로 자유롭게 조절할 수 있다. 즉, 실린더 내로 공기를 밀어넣으면 넣을수록 연료를 많이 분사함으로서 고출력을 얻을 수 있다. 이것이 과급기와 디젤엔진의 궁합이 좋은 이유이다.

예전의 승용차용 디젤엔진은 자연흡기 즉, 무과급이 태반이었다. 그 이유는, 당시의 엔진은 부실(副室)방식 연소실이 주류였기 때문이다. 과급을 높이면 주연소실과 비교해 체적이 작은 부실 내의 온도가 올라간다. 게다가 부실~주연소실 사이의 연결통로는 가늘기 때문에 유속이 높아짐으로서 벽면의 온도상승을 초래하게 되어, 결과적으로 크랙(Crack)이나 용손(溶損) 등을 일으켰다. 천천히 연소시킴으로서 소음이나 유해배출물 저감에 유리했던 부연소실 방식 디젤이 과급기와는 궁합이 꼭 좋기만 했던 건 아니었다. 당시의 분사시스템은 현재와는 큰 차이가 나는 저압분사로서, 연료입자 지름이 크고 무화가 잘 안 돼서 타고 남은 찌꺼기의 발생이나 급격한 연소 등이 쉽게 생기는 편이었다.

쉽게 상상할 수 있듯이, 이런 문제점들의 결정적인 타개책이 고압방식의 직접분사 연료분사 장치였다. 분사된 연료가 곧바로 연소해 나가는 것과 동시에, 기화잠열에 의해 실린더 내의 온도를 낮춘다. 내노킹성이 현저히 좋아진 가솔린 직접분사의 효과와 마찬가지이다. 1986년에 피아트가 직접분사 터보를, 1992년에 덴소가 커먼레일 시스템을 발표. 이 시스템들의 등장을 계기로 이후의 디젤엔진은 터보과급이 필수가 되어 간다. 그리고 근래에는 환경대책 차원에서 EGR(배기가스 재순환)을 대량으로 도입하기 위해 과급기를 이용하는 사례도 나타나고 있다.

디젤엔진에 필수적인 장치로 자리매김

적어도 일본과 EU, 북미 시장에 진출하려면, 이제 터보를 장착하지 않은 디젤엔진은 생각할 수가 없다. 과급압력에 따라 변형 엔진을 만드는 방법이 유럽에서는 일반화되고 있다.

Turbocharger [터보차저]

이제는 승용차용 디젤엔진에 반드시 장착되고 있다고 해도 과언이 아닌 장치이다. 배기가스의 유출 에너지로 터빈 휠을 회전시켜 과급하는 구조인 만큼, 어떻게 효율적으로 배기가스를 보낼지, 터빈 휠을 시간차이 없이 회전시킬지가 기계적인 과제이다. 해결책 중 하나가 여기서 설명하는 각종 가변용량 터보이다. 가솔린에 비해 배기가스 온도가 낮은 디젤엔진이라면, 가변 베인을 비롯한 기구를 장착할 수 있기 때문이다.

컴프레서 출구 단면적을 가변
VDV : Variable Diffuser Vane

컴프레서 입구 단면적을 가변
VIG : Variable Inlet Guide-vane

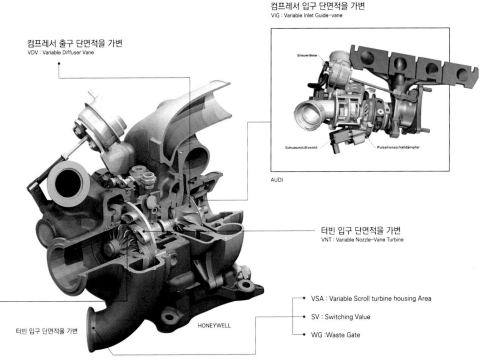

AUDI

터빈 출구를 가변
VTA : Variable exit Turbine housing Area

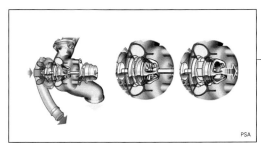

PSA

터빈 입구 단면적을 가변

터빈 입구 단면적을 가변
VNT : Variable Nozzle-Vane Turbine

HONEYWELL

- VSA : Variable Scroll turbine housing Area
- SV : Switching Value
- WG : Waste Gate

배기가스 에너지를 최대한 활용하기 위해

가능하다면 배기가스의 유출 에너지는 남김없이 터빈 휠로 보내는 것이 좋다. 하지만 저회전일 때의 에너지와 유속이 부족할 때, 구조요건에 따른 기계적 한계를 억제시켜야 할 때 등, 터보 쪽에도 여러 가지 제약이 있다.

가변 베인 방식 터보차저

BORGWARNER

근래의 디젤엔진에서는 완전히 일반화된 방식. 터빈 쪽의 베인 각도를 연속적이고 무단계로 움직임으로서 터빈 휠로의 배기가스 유입 에너지를 억제시켜, 모든 영역에서 고효율로 과급할 수 있다.

MAN

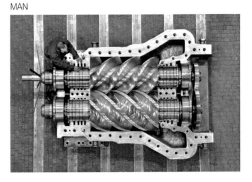

CPT

Supercharger [슈퍼차저]

과급의 응답성 지연은 디젤엔진에만 국한되지 않고 터보차저의 영원한 과제이다. 엔진 회전속도에 직접 대응할 수 있는 과급기로 슈퍼차저를 들 수 있다. 저회전속도부터 지연없이 상승하는 과급압력을 얻을 수 있으나, 회전속도가 높아지면 작동이 약해진다는 점, 비례적으로 동력손실이 증대된다는 점 등을 문제로 들 수 있다. 승용차용 디젤엔진에는 기계식 슈퍼차저를 사용하는 경우가 아직은 없는데, 전동식의 등장이 그 이유이다.

대형 디젤로 사용되는 기계식

GM이나 닛산, 볼보 등과 같이 가솔린엔진에 사용하는 경우를 가끔 볼 수 있는 슈퍼차저이지만, 승용차용으로 한정하면 디젤엔진에서는 찾아볼 수 없다. 하지만 선박용 대형 디젤엔진에서는 사용 실적이 있다.

실용화가 목전에 있는 전동 슈퍼차저

전 세계에서 주목을 받고 있는 전동 슈퍼차저이다. 모터로 신속하게 과급압력을 상승시킬 수 있다는 특징으로, 터보차저의 취약한 영역을 보완하는 역할을 맡는다. 48V 시스템으로 탄력을 받을지 모른다.

터보차저의 과제는 과급압의 응답지연(Lag)에 대한 대응이다. 저회전속도 영역에서 배기가스 에너지를 충분히 얻을 수 없는 운전상태에서는 터빈 휠을 기대한대로 회전시키기가 곤란하다. 하지만 운전자는 바로 이런 때에 즉시 토크를 내길 원하기 때문에 터보 래그(Lag)를 싫어할 수밖에 없다. 그런 상황에 대응하기 위해 터보차저 구조를 연구해 개선시킨 것이, 디젤의 경우는 가변용량 터보이다. 승용차에 대한 적용은 1991년부터였다. 폭스바겐과 아우디가 1.9 TDI에 하니웰 제품의 VGT를 탑재한 것이 최초이다.

덧붙이자면, 가솔린엔진의 경우는 배기온도가 높아 디젤에서 일반적으로 이용되는 가변 베인의 내열온도를 초과해 버리기 때문에(고내열 소재의 가솔린용도 있다), 트윈 스크롤 방식 터보 같은 방식을 취하는 것이 일반적이다. 4기통 엔진 같은 경우, 배기 다기관 안에서의 배기간섭을 피하기 위해 1-4번 실린더와 2-3번 실린더의 유로를 물리적으로 구분하고, 터빈의 유입통로도 똑같이 2개로 구분함으로 운동에너지를 효율적으로 얻겠다는 생각이다.

다만, 복잡한 구조에서도 상상할 수 있듯이 트윈 스크롤 방식은 가격이 비싸서 그 때문에 배기 다기관에서만 유로를 나누어 싱글 스크롤 터보를 장착하는 사례도 있다. 3기통이라면 배기 사이클 상, 간섭을 최소한으로 줄일 수 있기 때문에 가솔린과 디젤을 불문하고 가격적으로도 매력이 있다.

이것과는 시점을 바꾸어, 저회전속도 영역과 고회전속도 영역에서 요구되는 과급기의 특성 차이에 착안해 터보를 복수로 탑재하는 경우도 있어 왔다. 즉 회전속도가 낮을 때는 소구경 경량 터보를, 회전속도가 높을 때는 대구경 대용량 터보를 구분해서 사용한다는 발상이다. 시퀀셜(순차적)이라고 하는 하는 이 시스템은 장치가 커지고, 제어가 복잡해지며, 가격이 비싸진다는 점을 눈감을 수 있고 성능만 추구한다면 적절한 수단 중 하나이다.

그리고 전동 슈퍼차저는 응답지연에 대한 해결책으로서 등장을 기다리고 있다. 종래에는 모터를 구동하기 위한 전기배선의 용량이 기술적인 과제였지만, 유럽을 중심으로 급속히 확산되고 있는 48V화 해결책 덕분에 급격히 현실감을 주고 있다.

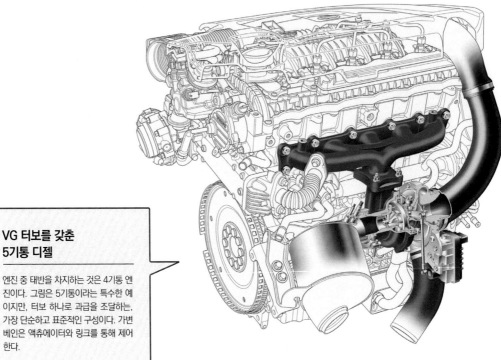

VG 터보를 갖춘 5기통 디젤

엔진 중 태반을 차지하는 것은 4기통 엔진이다. 그림은 5기통이라는 특수한 예이지만, 터보 하나로 과급을 조달하는, 가장 단순하고 표준적인 구성이다. 가변 베인은 액츄에이터와 링크를 통해 제어한다.

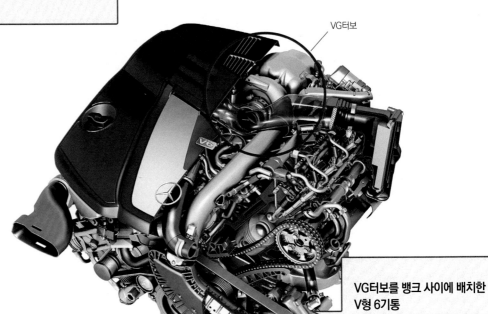

VG터보

VG터보를 뱅크 사이에 배치한 V형 6기통

V형 엔진에서도 뱅크 외 흡기/뱅크 내 배기 배치구조로 하면 터보차저를 하나만 장착해도 된다. 그림의 다임러 OM642는 V6이면서 72도의 뱅크 각을 하고 있어서, 배치구조에는 약간의 자유도가 있다.

Single charger [싱글 차저]

가변이라면 장치 크기는 작게, 가격은 싸게, 제어는 단순하게 그리고 개수는 적게 하는 것이 이상적이다. 직렬4기통이라면 FF용 가로배치 유닛으로 이용하는 경우도 많아서 파워 플랜트 전체용량이 작은 것도 다행이다. 과급압력으로 변형 엔진을 만들 수 있는 작금이라면 더 한층 터보차저가 하나인 설계로 고정해도 괜찮을 것이다. 디젤엔진 같은 경우는 앞서 언급한 가변용량 터보라고 하는 큰 무기가 있기 때문에 싱글 차저의 의의가 더 크다고 하겠다.

Double charger [더블 차저]

트윈 차저라고 해도 무방한데, 크고 작은 두 개의 터보를 운전영역에 따라 구분해서 사용하는 시퀀셜 방식, 단순하게 동일 사이즈의 터보 2개를 연관 없이 사용하는 트윈 방식 두 가지를 들 수 있다. 시퀀셜 방식은 싱글 차저로는 얻을 수 없는, 더 뛰어난 고성능을 겨냥한 방식이다. 각 사의 디젤 엔진 중 최상위 모델에 탑재하는 경우가 많다. 이용하는 터보차저가 가변용량 방식일 필요는 없으며, 웨이스트 게이트 방식이다.

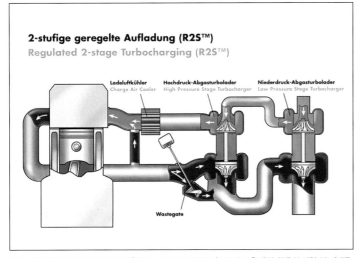

보르그워너의 시퀀셜 터보 시스템인 「R2S」. 상류의 고압 터보(소구경 고응답)와 하류의 저압 터보(대구경 고과급)을 단계별로 구분해서 사용하는 시스템. 고압/저압의 유로 전환은 웨이스트 게이트에 의해 제어되는 구조. 포드, 볼보, BMW 등, 많은 메이커가 사용한다. 사진은 터빈 축이 직행(直行)하는 특이한 배치구조. 두 개의 터보차저를 얼마나 최단거리에서 효율적으로 배치하는가도 중요하다.

이 엔진은 동일 사이즈의 터보차저×2. 아우디의 6.0ℓ V12 TDI이다. V형 엔진인 만큼 각 뱅크에 터보차저를 한 개씩 장착한 배치구조이다. 이것도 가변용량 터보를 이용하고 있다.

Triple charger [트리플 차저]

결국 터보 2개로는 부족해 더 강한 성능을 추구하기 위해 과급기 3개를 장착한 사례로서, 공급회사는 보르그워너이다. R3S라고 하는 시스템으로, BMW의 6기통 디젤에 탑재되어, M550d라는 모델명으로 판매 중이다. 배기 다기관이 고압 VG1/저압과 고압 VG2로 분기되는 구조로서, 후자는 보통 밸브에 의해 유로가 차단되는 구조이다. 우측 사진은 등장한지 얼마 안 된 아우디의 V6 TDI. 발레오의 전동 컴프레서를 장착해 과급압력 상승을 지원하고 있다.

Tertiary Turbo
(type VGT)

Primary Turbo
(type VGT)

Secondary Turbo
(type fixed Turbo)

기본적인 구조는 R2S와 마찬가지로 고압/저압을 구분 사용. 다만, 고압 쪽에 같은 크기의 가변 용량 터보 2개가 병렬로 배치된 것이 특징이다. 제3의 VGT는 저압 터보가 작동한 다음에 밸브를 개방해 동작시킨다.

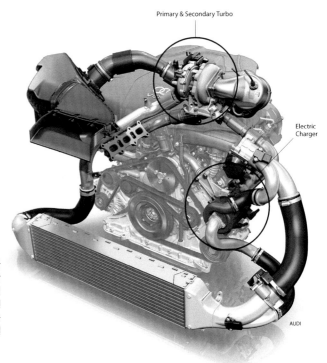

Primary & Secondary Turbo

Electric Charger

AUDI

배기 재순환

EXHAUST GAS RECIRCULATION

근래 가솔린엔진에서도 널리 사용하는, 배기가스를 엔진에 재흡입시키는 EGR.
이제 디젤에서는 필수라고 할 만한 기술이어서 신선한 감은 없지만, 그 목적은 "연소앙금"인 배기가스 안에 많이 포함되
어 있는 불활성성분의 이용이다. 이것은 가솔린엔진이나 디젤엔진 둘 다에서 마찬가지이다.
여기서는 몇 가지 대표적인 구조를 예로 들어가면서, 디젤엔진에 있어서 EGR의 본질에 대해 생각해 보겠다.

본문 : 다카하시 잇페이   그림 : 보쉬/마쓰다/VW

저압EGR의 도입

배기가스 유로

폭스바겐의 EA288 타입 디젤엔진(2.0ℓ·4기통). 산화촉매와 DPF의 하류에서 배기가스 일부를 터보의 인듀스(Induce) 부분으로 유도함으로서, 컴프레서를 펌프로 이용해 인테이크 매니폴드로 "퍼올린다".

수냉 인터쿨러 내장 인테이크 매니폴드

배기가스를 재순환시키는 EGR은 현재 디젤엔진에서 필수 불가결한 존재라 해도 과언이 아니다. 근래에는 구조적으로도 거의 똑같은 것이 가솔린엔진에도 사용되기에 이르렀지만, 지향하는 바는 많이 다르다. 가솔린엔진의 EGR이 손실저감을 겨냥한 것인데 반해, 디젤엔진은 유해배출가스 억제가 목적이다. 거기에는 해마다 엄격해지는 환경규제에 대한 대응이라는, 절실한 문제가 포함되어 있다.

연료가 연소하면서 발생되는 열을 운동에너지로 변환시킨다는 것이 내연기관의 기본이다. 즉, 높은 출력을 얻기 위해서는 더 많은 연료를 연소 현장인 실린더 안으로 투입할 필요가 있다. 이것은 디젤엔진이나 가솔린엔진 모두 마찬가지이다.

그러나 공기의 단열압축에 의한 열을 이용해 연료를 착화시키는 디젤엔진에서는, 피스톤이 압축 상사점 근방에 있는, 극히 찰나인 시간 안에 연료분사부터 연소까지 실행할 필요가 있다. 이 시간적인 제약 때문에 연소실 내의 공기 안으로 연료를 충분히 확산시키는 것이 어렵고, 아무리 해도 그 분포에 편중이 발생하기 쉽다.

이것은 디젤엔진이 숙명적으로 가진 문제 중 하나이다. 요는 연소실 내의 공기 안에 있는 산소를 다 사용하지 못한다는 점이다. 흡입한 공기와 연료를 적절

한 비율로 혼합하고 나서 연소시킨다는, 예혼합이라는 방법을 이용하는 가솔린엔진과의 큰 차이점이 이 부분이다. 근래, 연소실로 연료를 분사하는 인젝터의 고압화나, 분사구멍의 미소화(微小化), 다공화를 바탕으로 비약적인 개선이 진행 중이긴 하지만, 이 부분에 대해 근본적인 해결을 보는 것까지는 아직 이르지 못하고 있다.

연소실 내의 공기를 다 사용하지 못한다는 것은, 배기량에 적합한 연료를 연소하지 못한다는 의미이다. 이렇게 되면 디젤엔진에는 마치 좋은 점이 없는 것 같지만, 과급이라는 방법을 이용하면 양상이 크게 달라진다. 압축하고 나서 연료를 분사하기 때문에 압축비를 떨어뜨리는 일 없이 과급이 가능하고, 과급압도 엔진 강도와 과급기 성능이 허락하는 한 얼마든지 높일 수 있다고 해도 과언이 아니다. 이것은 디젤엔진이 가진 큰 장점 중 하나이다.

과급을 하면 더 많은 연료를 연소할 수 있고, 결과적으로 높은 성능을 얻을 수 있다. 현재, 대다수의 디젤엔진이 터보차저 등과 같은 과급기를 장착하는 것은 이 때문이다.

EGR을 이용하는 이유 | Merit of EGR boosting for Diesel

더 많은 연료를 미립자화해 연소실 안으로 골고루 분사하는 것이 고압분사기술이지만, 그래도 공기와 연료를 충분히 혼합하는 것은 어렵다. 그것은 디젤엔진의 숙명과도 같아서, 공기가 과잉인 희박(Lean) 상태가 기본인 것은 이 때문이다. 그리고 연료를 늘려도 희박한 상태를 유지할 수 있는 것은 터보를 사용하기 때문으로, 산소를 포함한 공기가 증가하면 질소산화물(NOx)도 증가한다. 그래서 공기 일부를 배기가스로 대체하여 양을 늘리면서도 산소량은 억제한다는 것이 EGR의 목적이다.

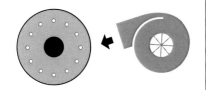

디젤엔진의 출력은
연료의 분사력으로 결정된다

많은 연료를 분사하면
공연비가 농후해진다

과급으로 공기를 밀어넣는다

하지만 연료온도가 상승하여
NOx가 생성된다

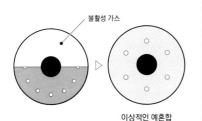

불활성 가스

이상적인 예혼합

불활성 가스를 밀어넣으면 된다

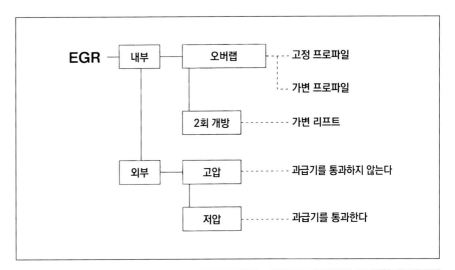

그러나 거기에는 한 가지 큰 문제가 있다. 디젤엔진에서는 공기와 충분하게 혼합되지 않은 연료를 완전연소에 가깝게 만들기 위해, 연료에 대해 과도한 공기를 집어넣어 희박 상태에서 운전한다. 공기 속에 포함되어 있는 산소와 연료가 만나는 기회를 늘림으로서, 타고 남는 연료를 줄이겠다는 생각이다. 완전에 가까운 연소를 시킴으로서 타고 남는 연료는 거의 없어져 디젤엔진의 문제인 검은 연기(黑煙)은 생성되지 않게 되지만, 연료로 사용되지 않고 남은 산소가 질소와 반응하여, 질소산화물(NOx)을 생성시킨다.

그렇다고 이 NOx 발생을 피하기 위해 공기 양을 줄여 농후하게(Rich) 하면, 타고 남은 연료가 검은 매연으로 배출된다. 검은 매연은 산소를 만나지 못하고 타다 남은 연료가 주위의 열로 인해 쩌진 입자(PM : Particulate Matter)로서, 이것도 법규상 배출이 제한된 유해물질이다. 공기와 연료의 관계는 어느 한 쪽을 줄이면 다른 한 쪽이 증가하게 되는 상반관계(Trade-off)에 있기 때문에 매우 까다롭다.

그래서 이용되는 것이 이 글의 주제인 EGR. 배기 다기관이나 배기관으로부터 흡기 다기관으로 배기가스를 환류시킴으로서, 실린더 안으로 들어가는 공기 일부를 배기가스로 치환하는 방법이다.

"연소앙금"인 배기가스는 산소량이 적고, 산화반응에 영향을 받지 않는 불활성 성분이 많이 포함되어 있다. 그 때문에 공기 속의 질소가 산화할 기회도 크게 줄어, 결과적으로 NOx 생성이 억제된다. 이것이 EGR의 기본적인 개념이다.

EGR에는 몇 가지 방법이 있는데, 대표적인 것이 여기서 설명한 고압EGR과 저압EGR 두 가지이다. 이 두 가지의 큰 차이점은 배기가스를 취출하는 위치에 있다. 고압EGR은 터보의 상류, 즉 배기 다기관에서, 저압 EGR은 터보의 하류에서 배기가스를 취출한다.

압력차이를 이용해 흡기 쪽으로 배기가스를 유도한다

가스 같은 기체는 압력이 높은 쪽에서 낮은 쪽으로 흐른다. 이 성질을 이용한 것이 고압EGR이다. 압력이 높은 터빈 직전의 배기관(배기 다기관)을 분기시켜 흡기 다기관으로 연결해 압력차이를 이용함으로서, 흡기 쪽으로 배기가 돌아가게 하는 것(還流)이다. VG터보에서는 베인으로 배기압력을 조정하면 환류량 제어도 가능하다.

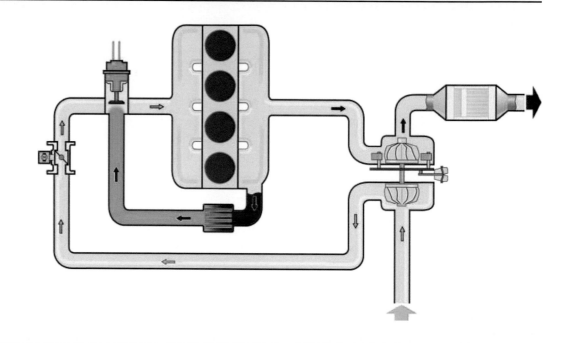

터보차저를 펌프로 이용

터빈 하류의 배기가스를 터보의 압축기 부분으로 유도해 압축기를 펌프로 이용하는 방식. 고압EGR처럼 터빈에 이용하는 배기 에너지를 빼앗는 일 없이, 더 적극적으로 많은 배기가스를 환류시키는 것이 가능하지만, 배기에 의해 압축기 블레이드나 인터쿨러가 쉽게 오염되는 단점도 있다.

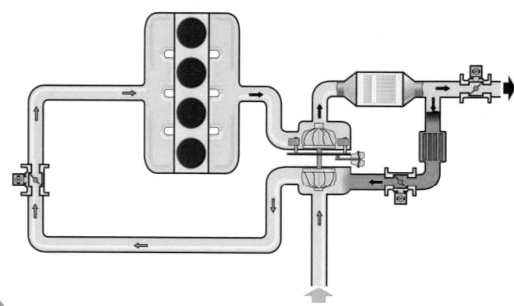

EGR밸브

고압-EGR이 적용된 폭스바겐 EA288 엔진의 터보 유닛. 터보의 압축기 하우징에 유도 부분으로 이어지는 EGR 도입용 포트(적색 원)가 설치되어 있다.

저압EGR을 도입

왼쪽 압축기 하우징이 EGR 도입 포트로 이어지는 부분의 컷 모델. DPF(사진 우측)를 통과한 배기가스가 EGR 쿨러에서 냉각되어, 환류량을 제어하기 위한 밸브 부분(적색 원)으로 유도된다.

저온일 때의 실린더 내 온도확보를 위한 EGR

저온일 때의 실린더 내 온도확보를 위한 EGR.
외부에 전용 통로 같은 것을 추가하지 않고, 배기밸브를 제어하는 등으로 배기 다기관로부터 배기가스를 역류시키는 방식이다. 다른 EGR이 산소량 제한을 통한 연소상태 제어를 목적으로 하는데 반해, 내부EGR의 주요 목적은 저온일 때의 온도유지를 통한 연소의 안정이다. 그를 위해 배기가스는 냉각장치를 매개로 하지 않고 환류한다.

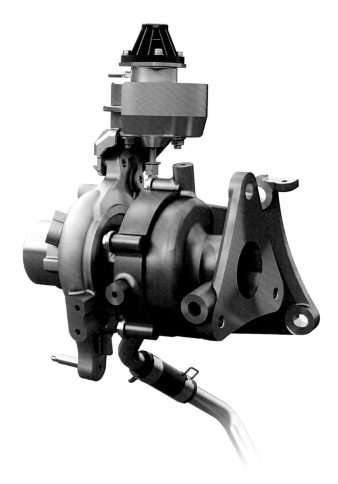

똑같은 마쓰다의 SKYACTIV-D라도 1.5ℓ 사양에서는 VG터보의 베인을 거의 닫은 상태로 하는 방법을 이용하고 있다. 전환(switchable) 태핏은 물론이고, 전용 하드웨어를 전혀 추가하지 않고 제어만으로 내부EGR을 실현하고 있다.

배기밸브의 "2회 개방"에 의한 내부EGR

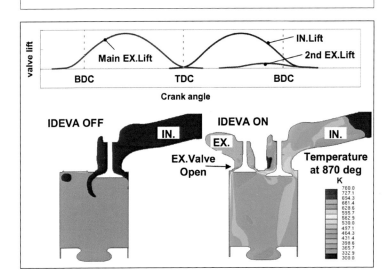

마쓰다의 SKYACTIVE-D2.2에서 적용하고 있는 내부EGR 방법. 저온일 때만 전환 태핏이 캠 샤프트에 설치된 EGR용 캠 로브를 따름으로서, 배기행정이 끝나고 닫힌 밸브를 흡기행정 후반에 한 번 더 연다.

고온의 잔류가스와 차가운 공기를 혼합시킨다 | 배기 쪽 밸브를 약간 연다 | 적절한 온도를 확보

흡기 배기

■ 연소 ▶ ■ 배기 ▶ ■ 흡기 ▶ ■ 압축

IN.Lift
Main EX.Lift
2nd EX.Lift
valve lift
BDC — TDC — BDC
Crank angle

IDEVA OFF — IN.
IDEVA ON — IN.
EX.
EX.Valve Open
Temperature at 870 deg K
760.0
727.1
694.3
661.4
628.6
595.7
562.9
530.0
497.1
464.3
431.4
398.6
365.7
332.9
300.0

흡기행정 때 열리는 배기 밸브의 개도는 아주 조금이다. 이로 인해 흡기 밸브에서의 외기 도입에 크게 영향을 주는 일 없이, 배기밸브 쪽에서도 배기가스를 끌어들인다. 고온의 배기가스로 실린더 안을 적정온도로 유지함으로서, 저온일 때도 시동직후의 연소가 안정된다. 내부EGR은 이 엔진의 저압축비를 가능하게 한 주요 기술 중 하나이다.

고압EGR은 문자 그대로, 압력이 높은 터보 상류의 배기 다기관에서 배기가스를 끌어냄으로서, 그 압력을 이용해 흡기 다기관 쪽으로 배기가스가 흐르게 한다. 배기 다기관과 흡기 다기관의 압력차이를 이용하기 때문에 펌프 등이 필요 없어서 단순한 구성이 가능하다.

기본적으로는 환류량을 제어하는 EGR밸브와 배기가스의 온도를 낮추는 EGR쿨러뿐이지만, 배기포트에서 막 나온 배기가스는 고온상태이기 때문에 EGR쿨러에는 열교환 효율이나 내열, 내부식성 등, 많은 성능이 요구된다. 원래 터보로 유도되어야 할 에너지인

배기가스가 환류되는 것은 단점 중 하나이다.

다른 방식인 저압EGR은 터보 하류에 장착되어 온도가 내려간 상태이기 때문에, 열적으로는 비교적 다루기가 쉽다. 그러나 동시에 압력도 대기압에 가까울 만큼 내려가기 때문에, 터보의 유도 부분(압축기 쪽의 흡입구 부분)으로 유도함으로서 터보를 펌프로 이용해 배기가스를 흡기 다기관으로 환류시킨다. 터보를 이용해 배기가스를 적극적으로 흐르도록 하기 때문에, 압력차이에 의존하는 고압EGR보다 자유도가 높다고 할 수 있지만, 터보의 압축기 휠이나 인터쿨러가 오염되기 쉽다는 문제가 있다.

어느 쪽이든 일장일단이 있지만, EGR이 가능하다는 것은 NOx 저감으로 이어지고, 모든 운전영역에 대응하는 것도 아니다. 그 때문에 요소SCR이나 LNT 등과 같은 NOx용 후처리 방법도 있어서, EGR도 운전상황에 맞춰 다양한 제어가 가능하다. 문제는 어떻게 사용할지 또는 어떻게 사용할 수 있을지에 관한 것인데, 그것은 경우에 따라서 다르다. 디젤엔진을 현재의 규제에 적합하게 만든다는 것은 그만큼 복잡하고 곤란한 작업이다.

전 세계의 수요를 충족시키기 위한 글로벌 파워 플랫폼을 기대한다

판매지역은 유럽, 미국, 일본에서 아세안, 중동, 아프리카, 중남미 등의 전 세계. 용도는 비즈니스부터 레저, 심지어는 인프라 정비나 인명구조까지. 도요타가 신 디젤엔진인 「GD」에 부여한 사명은 가혹했다.

본문&사진 : 마키노 시게오   그림 : 도요타

하마무라 요시히카

도요타자동차 유닛 센터
엔진개발추진부 주사
엔진설계부 주사

도다 타다토시

도요타자동차 유닛 센터
엔진설계부 주사

새로운 디젤엔진의 이름은 GD. 전작 KD의 뒤를 이어 도요타의 PUT(Pick-Up Truck)이나 SUV 나아가 LCV(경량상용차)까지를 포함한 터프 비클(Tough Vehicle) 계열의 주력 디젤엔진이다. 한 마디로 말하면 「도요타가 아니면 불가능한 엔진」이자 동시에 「도요타가 만들어야 할 엔진」이기도 하다.

GD 엔진의 개발 스토리를 듣기 전에 먼저, TUV(Toyota Utility Vehicle)에 대해 언급하고 싶다. 랜드크루저 70형의 강인함과 세계 각지에서 얻은 신뢰는 유명한 이야기이지만, TUV도 그에 뒤지지 않을 만큼의 실적을 가지고 있다. 일본에서 거의 알려져 있지 않은 것은 유감이 아닐 수 없다.

TUV의 데뷔는 86년이다. 신흥국에서 만들어져, 현지에서 사용되다가, 현지에서 일생을 마친다. TUV는 그렇게 만들어졌다 사라진다. 인도네시아에서는 「키쟝」, 필리핀에서는 「타마라오」, 대만에서는 「제이스」라고 각각 불리었으며, 사양도 각국의 사정에 맞춰서 생산되었다. 나는 일부러 TUV를 타러 간적도 있다. 그리고 현지에서 일반 사용자로부터 「이 자동차가 얼마나 생활 속에서 도움이 되고 있는지」를 들을 수 있었다.

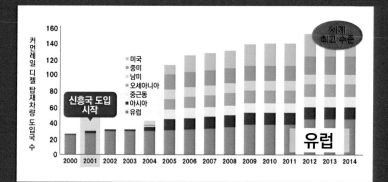

도요타 IMV

현재, IMV에는 사진과 같은 더블캡 PUT 외에, 싱글캡 PUT, 익스텐드 캡, SUV, 밴까지 5가지 보디 형식이 있다. 생산국은 태국, 인도네시아, 말레이시아, 필리핀, 베트남, 인도, 파키스탄, 아르헨티나, 베네수엘라, 남아프리카 공화국까지 10개국이다. 앞으로 IMV는 순차적으로 신세대로 바뀌게 되는데, GD형 엔진은 2년 안에 87개국을 예상하고 있다. 아마도 2020년까지는 완전히 KD를 교체할 것이다.

KD 시리즈의 판매범위

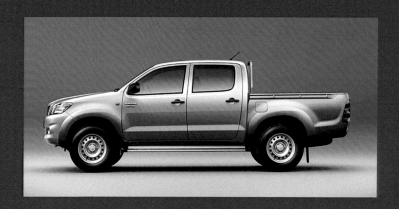

2001년에 커먼레일 디젤엔진의 신흥국 판매를 시작한 도요타는 현재, 156여 나라와 지역으로 판매범위를 확대하고 있다. 유럽시장은 소배기량 형식이 주류이지만, 그 이외의 지역에서는 KD가 주력으로, 작년에는 년간 73만대가 KD였다. 그래프에서도 알 수 있듯이 아프리카와 중미 시장에서의 판매대수가 많다. 물론 그 배경에는 「랜드크루저를 만드는 회사의 자동차」라는 브랜드의 힘이 있긴 하지만, 사막이나 침수로, 툰드라 지대도 모두 소화할 수 있는 「도요타의 디젤엔진 차량」에 대한 기대가 큰 것도 사실이다.

1세대 「키장」은 71년에 설립된 도요타 아스트라 모터에서 77년부터 생산하기 시작한 LCV(Light Commercial Vehicle)로서, TUV라는 통합모델이 된 키장은 3세대 모델이었다. 90년대 말에 아시안 카가 유행하면서 일본계 자동차 회사의 신흥국 시장판매가 미디어를 장식한 적이 있었는데, 도요타는 그보다 훨씬 오래전에 아시아 전용 모델을 갖고 있었다. 그 후 TUV는 IMV(Innovative International Multi-purpose Vehicle)로 이름을 바꾸고 중남미나 남아프리카 등에서도 생산되는 세계전략차량이 된다. 현재의 「키장 이노버」는 IMV의 효시로서, 2004년부터 생산되기 시작한 동일 모델의 2세대이다.

일본에서는 TUV계 모델이 판매되지 않는다. 그러나 일본 이외에서는 약 150개국과 지역에서 판매되면서, 현지의 경제와 사람들의 생활을 뒷받침하고 있다. 이 시리즈의 연간생산은 100만대에 달하는데, 도요타의 경영전략 상에서도 중요한 모델이다. 이 TUV에 장착된 것이 KD형의 디젤엔진으로, 새로운 GD형은 그 후속 엔진이다. KD형 자체는 작년 시점에서 146개 나라와 지역에 수출되었다. 연간대수로는 약 73만대로, 이것은 단일 형식의 디젤엔진으로는 세계 최대일 것이다.

GD 개발을 담당한 하마무라 요시히카씨와 도다 타다토시씨를 만나 그 개발에 대한 이야기를 들어보았다. 일본에서 발매된 「랜드크루저 프라도」에도 GD형 엔진이 탑재되어 있는데, 자세한 것은 본지 10~13페이지에 게재되어 있다. 여기서는 「왜 이런 엔진을 만들었는지」에 관해서, 관계자의 입을 빌려 소개하는 형태로 전달하도록 하겠다.

엔진 개발의 시작은, 우선 「어떤 엔진으로 만들지」에 관한 개념을 정하는 것부터 시작된다. 그 토대가 되는 것은, 시장에서 어떤 엔진을 요구하고 있는가, 장래의 규제(연비와 배기가스)는 어떻게 될까 등등의 현실적인 데이터이다. 하지만 이것만으로는 개념이 되지 않는다. 중요한 것은 엔지니어들이 「어떤 엔진을 만들고 싶은가」로서, 「이상적인 엔진은 이러해야 한다」라는 생각이다. 이상적인 상을 그리면, 현재의 엔진에서는 무엇이 부족한지, 어떤 기술에 도전해야 하는지가 드러난다.

「연비를 철저하게 봐야 한다. 터보가 작동하지 않는 제로 출발에서의 자동차는 NA(무과급) 엔진으로서의 근본적인 특성을 개선하는 것 말고는 얻을 수 없다. 먼저 이런 생각을 했었죠. 새로운 엔진이 세상에 나오기까지 십 년이 넘는 동안 제1선에서 싸우게 됩니다. 어쨌든 기본성능 수준을 철저하게 높이자. 개발은 거기서부터 시작되었습니다. 타협할 수 없는 부분이 많이 있었고, 그래서 개발하는데 8년이나 걸리게 되었죠」

하마무라씨는 KD형 설계도 담당했다. KD는 2000년에 등장했지만, 엔진블록 등 기본골격은 93년에 데뷔한 KZ형을 답습했다. 즉, GD 개발에 착수한 시점에서 KD의 기본설계는 이미 14년 정도 전 것이었다.

「엔진 골격이 오래되면 연비를 1% 높인다든가, 열관리를 철저하게 하는 등의 개량이 매우 힘들어집니다. 새로운 장치를 붙이려고 해도, 엔진 쪽이 받아들이지 못하는 것이죠」

우선, 무엇을 하고 싶었는지. KD의 개념에 대해 도다씨는 이렇게 말했다.

「흡기포트를 똑바로 배치해 많은 공기를 넣는 것입니다. 흡기에는 스월(선회류)을 주지 않는 것이죠. 스월은 흡기유입 에너지를 유실시킵니다. KD형에서는 강한 스월을 발생시키기 위해 흡기포트가 커브를 그리고 있습니다. 그 때문에 2개의 포트 사이에 헤드볼트가 관통하는 공간이 있는데, 최대한의 흡기를 확보하기 위해서 볼트를 없애자. 그런 생각이었던 것이죠. 그렇게 함으로써 얻을 수 있는 연소 아이디어가 있었기 때문에, 실린더 당 헤드볼트를 4개만 사용하리라 결정했습니다. 4개만으로도 KD의 6개 볼트와 동등한 신뢰성을 확보한다. 이것이 대전제였습니다」

하마무라씨가 덧붙인다.

「유럽 쪽에서는 새로운 터보차저를 장착한 디젤엔진을 투입하고 있었죠. 그런데 KD로는 아무리 성능이 좋은 터보를 장착해도 흡배기 압력손실이 커서 사용하질 못하는 겁니다. 뒤졌다는 것을 실감했습니다. 역시 엔진은 골격설계가 중요하다는 것을요」

그리고 KD형의 지위 답습이다. 전 세계에서 사용되는 차량(workhorse)을 위한 디젤엔진인 동시에, 선진규제 지역에서는 최신 장치로 무장한 중무장 디젤엔진과도 싸워야 한다. 전 세계를 하나의 기본설계로 커버할만한 디젤엔진이 도요타에는 필요했던 것이다. 유럽과 미국, 일본의 배기가스 규제를 통과하는 클린 디젤엔진이 아무리 세상에서 평가를 받더라도, IMV가 활약할 현장을 자세히 지켜봐 왔던 하마무라씨와 도다씨에게는 다른 생각이 있었다. 모두에 내가 「도요타가 만들어야 할 엔진」이라고 기술한 이유가 바로 여기에 있다.

「아르헨티나에서는 표고 4700~5000m의 고지대를 IMV가 달리고 있습니다. 이런 곳에서는 저압축비 디젤엔진은 달리지 못합니다. 북미나 동러시아에서는 마이너스 59℃인 환경에서 달립니다. 오스트레일리아의 광산에서는 공기 중에 미세한 모래가 떠다니고 있습니다. 남아프리카에서는 북해도 정도 크기의 지역에 딜러가 1곳 밖에 없습니다. 남미에는 IMV로 밖에 달리지 못하는 『도요타 도로』라 불리는 길이 있습니다. 이런 모든 것들이 우리 선배들이 개척한 시장입니다. 머리로 생각할 뿐만 아니라 실제로 현지를 방문해 유통되고 있는 연료를 조사하고, 자동차가 어떻게 사용하는지를 조사하는 등, 그 시장에 맞는 상품을 계속해서 만들어 왔습니다. 그런 덕분에 현재의 IMV가 있는 것이죠. 절대로 어떤 시장도 양보할 수 없는 것입니다」

랜드크루저 70은 확실히 혹독한 환경에서 사용되었지만, IMV의 PUT나 밴도 대단하다. 태국에서는 짐칸에 3m 높이 정도의 수박을 싣고 있는 IMV를 보았다. 물과 섬유로 된 수박을 그만큼 쌓으면 초과적재이다. 하지만 IMV나 이스즈의 PUT 같은 일본차는 강인하다. 과적재가 법적으로 어떻다는 이야기가 아니라, 실

제로 그렇게 사용하는 것이 당연하기 때문에, 사다리 구조 프레임은 튼튼하게 만들고, 엔진은 속도 제로 상태부터 제대로 토크를 내지 않으면 안 되는 것이다.

「그렇습니다. 디젤엔진은 배기량이 배기장치라고 이야기되듯이, 기통용적은 중요한 요소입니다. 다운사이징을 과도하게 하면, 원래는 NOx 촉매를 사용하지 않아도 될 엔진이 NOx 촉매를 장착해야 하고, 터보 하나면 될 것을 2개가 되기도 합니다. 유럽시장에서 클린디젤로 접근하기보다, 우리들에게는 앞서 설명한 시장이 있습니다. 배기량을 결정하는데 고민을 했었죠. KD는 2.5ℓ와 3.0ℓ이지만, GD는 2.4ℓ와 2.8ℓ입니다. 약간의 다운사이징을 실행한 것이죠」

그래서 스월을 안 만들고 공기를 많이 집어넣는 설계로 한 것일까.

「그렇습니다. 배기량 2.8ℓ에서도 흡입공기량은 3.3ℓ 정도나 됩니다. 이것을 하고 싶었던 것입니다. 그 때문에 헤드볼트 수를 줄이고, 전용 VG(Variable Geometry) 터보를 개발했습니다. 터보는 자체개발로 직접 만들었는데, 이게 GD엔진에 딱 들어맞는 터

보입니다. 터보에이커에서 볼 때는 웃을지도 모르지만, 무과급상태에서도 엔진이 공기를 많이 빨아들이기 때문에 작은 터보로도 충분했던 것이죠. VG의 베인 형상은 유량손실을 줄이려는 목적으로 선택하고 있습니다. 이게 그런대로 제가 만든 겁니다」

잠깐 상상해 보았다. 태국에서 수박을 가득 채운 IMV나 15인승 캐빈에 20명 이상을 태우고 있는 하이에스의 커뮤터(commuter)는 어떤 식으로 달릴까.

「그렇습니다. 가장 가벼운 IMV의 ×1.7정도의 차량중량까지 커버합니다. 최소한으로 필요한 배기량이 2.4ℓ와 2.8ℓ였던 것이죠. 둘 다 내경은 92mm입니다. 이것은 연료 인젝터에서의 분사거리로 결정했습니다. 원주방향의 연소를 생각한 것이죠. 주분사일 때, 아주 미세하게만 스월을 사용해 미연소공간을 메우도록 하고 있습니다. 파일럿 분사로 실린더 내 온도를 상승시켜 래디컬(Radical) 상태로 만든 다음, 주분사에서 실린더 외주를 연소시키고 마지막으로 중앙부분을 애프터 분사로 연소시키는 것입니다. 공기를 많이 흡입하고, 그것을 연료와 함께 다 사용함으로서 연

「자연과급」을 위한 포트 설계

하단 좌측 그림은 KD의 흡기포트와 실린더 내 유동의 시뮬레이션. 달팽이 같은 흡기포트가 스월을 만들어 실린더 안으로 큰 소용돌이가 발생하고 있다. 이 기류 속으로 연료를 분사하면 공기와 잘 섞이면서 깨끗하게 연소된다는 생각이다. 하단 우측은 GD의 흡기포트로서, 이 가운데 1개는 거의 직선이다. KD에서는 2개의 포트에 끼어있듯이 헤드볼트가 관통하고 있었지만, GD에서는 이것이 없어졌다. 「좌우간 공기는 빨아들인다」는 생각인데, 보통은 스월을 발생시키지 않는 등, 「연소되지 않는 영역이 나타날지도 모르기 때문에 무서워서 못한다」는 대목이다.

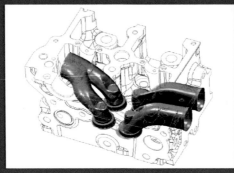

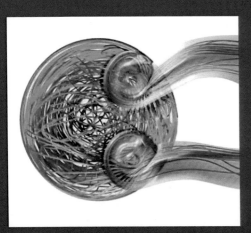

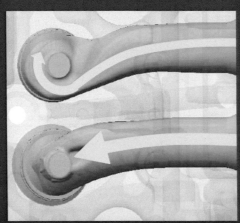

좌측 그림의 실물이 이 포트이다. 흡기 다기관는 똑바로 연소실로 향하다가 밸브부분에서 약간 꼬여 있을 뿐이다. 엔진 전방에서 보았을 때 뒤쪽이 도는 포트에 셔터 밸브가 설치되어 있다. 또한 사진에서 보듯이 구동은 직동식이 아니라 롤러 팔로어로 되어 있다.

료 에너지를 낭비하지 않는 것이죠. 항상 이것을 머릿속에서 그려 왔습니다」

두 사람과 이야기를 나누다보니 GD엔진을 얹은 새로운 IMV를 타보고 싶어졌다. 세계에서 가장 많이 디젤엔진 차량을 양산하는 메이커는 폭스바겐으로, 연간 260만대, 2위는 PSA, 3위는 GM, 도요타가 4위이다. 이 4 메이커만이 연간 100만대 이상이다. 그러나 VW나 PSA는 신흥국시장 모델로 상당히 오래된 설계의 디젤엔진을 사용하고 있다. 당연히, 클린디젤은 아니다. 그런 시장에 도요타가 기초적인 연소로 승부하는 새로운 디젤엔진을 투입했다. 「도요타가 아니면 안 되는 엔진」이라는 의미가 여기에 있다.

자체개발 터보

자동차 회사에서 터보를 자체개발하는 것은 미쓰비시자동차와 도요타 정도이다. VG형식이고, 필요에 맞게 배기터빈 날개에 부딪치는 배기를 조절한다. 이 가동 베인의 형상이 독특하다. 더구나 터빈 날개는 홈이 안 나 있는 풀백(fullback) 형상이다. 동시에 광역화하기 위해 컴프레서 쪽(반대쪽)은 고속고회전 시의 신뢰성을 고려해 강성을 높였다.

새로운 코팅재

피스톤 헤드부분은 원주부분에 SiRPA(실리카 강화 다공질 양극산화막)라고 하는 코팅을 했다. 알루마이트 처리와 비슷한 다공질을 만들어주고 그 위에서 실리콘을 발라 개방단의 취약함을 커버하는 동시에 내부에 형성되는 공기층을 사용해 비열비(比熱比)를 낮추고 있다. 순간적으로 온도가 상승할 때는 이 단열층으로 차열한 다음, 그 열을 담아두지 않고 방출한다. 수고가 들어가는 코팅이다.

요소SCR 시스템

요소수를 사용해 NOx를 저감하는 SCR(Selective Catalystic Reduction)은 처음 사용이다. 도요타는 향후 규제가 강화되는 지역이 늘어나도 요소수의 인프라만 갖추어지면 사용할 수 있는 SCR을 선택했다. 요소 인젝터는 덴소제품으로, 분무를 분산판에 충돌시켜 균일하게 분산되도록 연구했다. 당연히 잉여 암모니아가 대기로 방출되지 않는 조치는 만전을 기했다. 요소수 탱크 용량은 12.1ℓ이다.

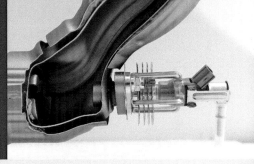

고정화 DOC+DPF

배기가스 규제가 엄격해지는 지역에 대해서는 후처리 장치로 대응한다. 기본적인 연소를 실현하여 이것만으로 저규제 지역에는 대응하고, 후처리 장치는 17가지 종류를 준비한다. 아래 사진은 산화촉매(DOC)와 DPF로서, 각각의 용량은 1.7ℓ/2.4ℓ이다. KD형과 비교하면 합계 용적은 30% 감소, 귀금속 사용량은 50%가 줄었다고 한다. 흔히 말하는 직결촉매 배치로서, 배기온도가 높은 상태에서 처리한다. 위쪽 사진은 후처리 장치 전용인 연료 인젝터이다. 사용 지역에 따라 후처리가 다르다는 것은, 거기에 도달하는 배기 온도도 달라진다. 그 때문에 제어 프로그램이 100종류를 넘는다. 압축비는 전 세계 공통인 16.5로 통일하고 있다. GD의 특징은 이런 유연성에 있다는 느낌이다.

「엔진은 만들고 나서가 더 큰일입니다」라고 한다. 향후 이 두 사람은 다시 전 세계를 돌아다니며 적합여부를 따지고, 현지의 목소리를 듣고, 문제점에 대응하고, 다음 개량에 대비하는 등등의 바쁜 일정에 들어갈 것이다. 그런데도 어쩐지 즐겁게 작업을 하고 있는 모습이 인상적이었다.

배기 후처리

AFTER TREATMENT

숙명적으로 생성되는 유해물질과 의외로 많은 미규제물질

디젤 차량의 배기가스 규제는 유럽과 미국, 일본 모두 규제대상 물질은 동일하며, 엄격해지는 경향도 똑같다.
지역별로 자동차의 「주행방법」은 달라도, 경유를 사용한 압축자기착화라고 하는 연소방식이 갖는 배기가스의 특징과
그 성분은 똑같다. 따라서 배기가스 퇴치에 대한 연구주제도 비슷하다.

본문 : 마키노 시게오   그림 : AB 볼보/유글레나/마키노 시게오/MFi

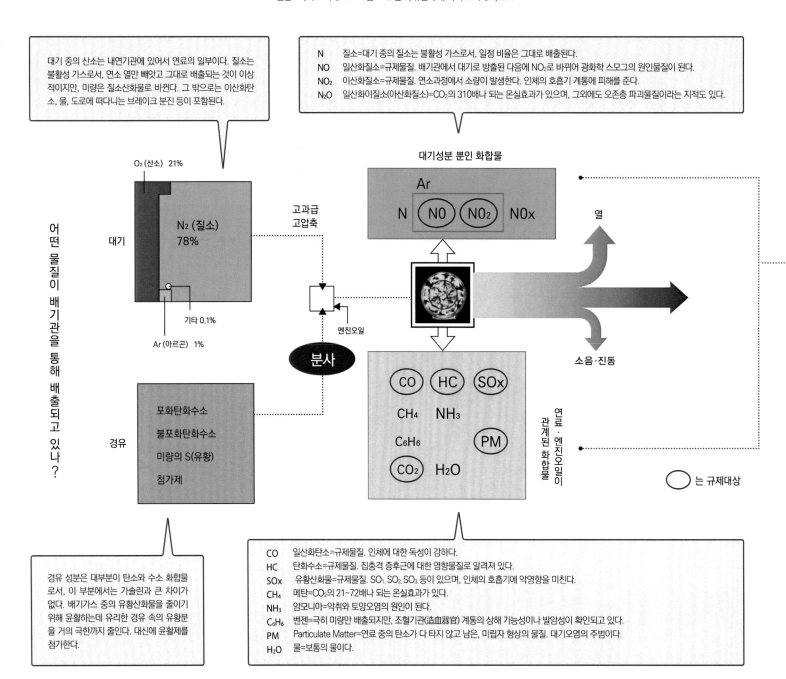

대기 중의 산소는 내연기관에 있어서 연료의 일부이다. 질소는 불활성 가스로서, 연소 열만 빼앗고 그대로 배출되는 것이 이상적이지만, 미량은 질소산화물로 바뀐다. 그 밖으로는 이산화탄소, 물, 도로에 떠다니는 브레이크 분진 등이 포함된다.

N 질소=대기 중의 질소는 불활성 가스로서, 일정 비율은 그대로 배출된다.
NO 일산화질소=규제물질. 배기관에서 대기로 방출된 다음에 NO₂로 바뀌어 광화학 스모그의 원인물질이 된다.
NO₂ 이산화질소=규제물질. 연소과정에서 소량이 발생한다. 인체의 호흡기 계통에 피해를 준다.
N₂O 일산화이질소(아산화질소)=CO₂의 310배나 되는 온실효과가 있으며, 그외에도 오존층 파괴물질이라는 지적도 있다.

대기성분 뿐인 화합물

Ar
N NO NO₂ NOx

O₂ (산소) 21%
대기
N₂ (질소) 78%
기타 0.1%
Ar (아르곤) 1%

고과급
고압축

엔진오일

분사

열

소음·진동

어떤 물질이 배기관을 통해 배출되고 있나?

경유
포화탄화수소
불포화탄화수소
미량의 S(유황)
첨가제

CO HC SOx
CH₄ NH₃
C₆H₆ PM
CO₂ H₂O

연료·엔진오일이 관계된 화합물

◯ 는 규제대상

경유 성분은 대부분이 탄소와 수소 화합물로서, 이 부분에서는 가솔린과 큰 차이가 없다. 배기가스 중의 유황산화물을 줄이기 위해 윤활하는데 유리한 경유 속의 유황분을 거의 극한까지 줄인다. 대신에 윤활제를 첨가한다.

CO 일산화탄소=규제물질. 인체에 대한 독성이 강하다.
HC 탄화수소=규제물질. 집충격 증후근에 대한 영향물질로 알려져 있다.
SOx 유황산화물=규제물질. SO₁, SO₂, SO₃ 등이 있으며, 인체의 호흡기에 악영향을 미친다.
CH₄ 메탄=CO₂의 21~72배나 되는 온실효과가 있다.
NH₃ 암모니아=악취와 토양오염의 원인이 된다.
C₆H₆ 벤젠=극히 미량만 배출되지만, 조혈기관(造血器官) 계통의 상해 가능성이나 발암성이 확인되고 있다.
PM Particulate Matter=연료 중의 탄소가 다 타지 않고 남은, 미립자 형상의 물질. 대기오염의 주범이다.
H₂O 물=보통의 물이다.

밀폐된 공간 안에서 연료와 공기를 연소시킨다. 연소란, 공기 중의 산소가 연료분자를 분해하는 것이다(산화반응). 연료분자에 포함된 탄소와 수소에 산소가 결합하면 전자가 힘차게 튀어나간다. 튀어나간 전자는 피스톤에 심하게 부딪쳐 피스톤을 밀어내리는 힘으로 작용한다. 이것이 디젤엔진 내부에서 연속적으로 일어나면서 엔진이 작동한다.

그렇다면, 연소된 가스는 어떻게 될까. 배기밸브가 열리고 밖으로 밀려나간 「연소 후」의 배기가스 안에는 여러 가지 연소 생성물이 남아 있다. 어떤 물질이 들어있는지를 앞 페이지 그림에 나타냈다.

디젤 배기가스 중에서 규제대상이 되는 것은 CO/HC/NOx/SOx와 PM이다(상세한 것은 그림 참조). 그러나 배출물질은 이것뿐만이 아니다. 실제로는 다양한 화합물이 발생된다. 예를 들면, 암모니아(NH_3)이다. 대기 중의 N(질소)에 연료 안의 H(수소)가 결합하면서 생긴다. 아주 미량만 생성되지만, 교통안전환경 연구소 등의 조사에 따르면 「배출」이 확인되고 있다. 공회전 중에는 거의 제로에 가까울 만큼 측정한계 이하이지만, 가속 중에는 미량이 배출되고 있다. 그러나 규제대상은 아니다.

공회전 중에는 아주 미량의 벤젠(C_6H_6)이 배출된다. 또한 아산화질소(N_2O)는 벤젠의 10배 가까이 배출되고 있다. 이것도 규제물질은 아니다. 하지만 확실하게 나온다는 것이 확인되고 있다. 세상에서 약간 오해되고 있는 점은, 배기가스가 아주 깨끗한 엔진을 장착한 자동차가 달리면 「대기가 깨끗해질 것」이라는 것이다. 보통, 우리들이 흡입하는 도시의 대기 중에도 CO/HC/NOx가 포함되어 있다. 환경성이 정한 환경기준 이상으로 이 3가지 물질의 농도가 「농후한」 장소는 일본에도 많이 있다. 하지만 그곳을 깨끗한 자동차로 달린다 하더라도 CO/HC/NOx가 다시 다른 물질과 결합해 바뀌기만 할뿐, 새롭게 배출되는 CO/HC/NOx가 정말로 줄어드는지 어떤지는 확인되고 있다. 그런 한편으로 암모니아, 벤젠, 아산화질소 등은 확실하게 늘어난다.

본지 28~29페이지에서 설명했듯이, NOx와 PM은 「이쪽을 개선하면 저쪽이 악화되는」 상반관계에 있다. 흔히 말하는 이율배반적인 관계이다. 현재는 연료 입자를 최대한 미세하게 해서 분사하는 기술이 발달해 있다. 미세해지면 연소가 잘 된다. 연료분자 하나도 남기지 않고 완전히 연소시키면 PM은 생성되지 않는다. 실제 디젤엔진에서 연소온도를 높게 하면 이런 현상이 일어난다. PM은 검은 검댕이 형상의 물질로서, 타지 않은 연료 속의 C(탄소=카본)가 굳어진 것이다. 완전히 타지 않고 바깥쪽만 눌러붙은 상태에서, 내부는 쪄져 있는 상태를 상상하면 PM의 이미지를 떠올릴 수 을 것이다. 이것이 배출되지 않도록 하려면 연

연료로 할 수 있는 대책

엔진 구조 상, 어떻게 해도 발생하는 물질이 있다. 그래서 연료를 바꾸는 수단이 고안되었다. 경유는 탄소나 수소가 많은데, 예를 들어 탄소는 좀 적더라도 어느 정도의 발열량이 있는 연료를 사용하면 배기가스의 잠재력은 상승할 것이다.

압축천연 가스(CNG)에 소량의 경유를 섞어 연소시키는 방법이 있다. 천연가스는 압축자기착화가 잘 안 되기 때문에, 먼저 경유에 착화하고 그 불꽃을 받아 CNG를 연소시키는 식으로 진행된다. 이 방법으로 「열효율이 60%에 이르렀다」는 보고서도 있다.

최근 여러 가지로 주목받고 있는, 유글레나(미세조류)를 사용해 바이오 디젤 연료를 생성하는 연구가 진행 중이다(Vol.104 참조). 연료와 경합하는 일 없이, 이미 실증실험이 이루어지고 있다. 상당히 흥미로운 연료다.

DME(디메틸 에테르)라는 알코올계 연료도 경유 대체연료로 주목받아 왔다. 위 사진은 그 화학 플랜트로서, 쓰러진 나무 등에서 DME를 추출한다. 배기가스가 아주 깨끗해서, 만약 안정적으로 공급만 된다면 유망한 연료이다.

석유를 증류·정제해 추출하는 통상적인 경유도 기술혁신은 진행되고 있다. 근래의 성과는 저유황화로서, 유럽과 미국, 일본에서는 유황분 10ppm 이하인 초저유황 경유가 이미 유통되고 있다. 배기가스를 억제하는 첨가제 연구도 진행되고 있다.

료를 고온에서 신속하게 다 태우면 된다.

하지만 연소온도를 올리면, 이번에는 NOx가 나오기 쉬워진다. 공기 중의 N(질소)은, 연소온도가 일정 수준 이하일 때는 단순히 열을 담아두고만 있다가 그대로 엔진 밖으로 배출한다. 밖으로 나와서는 식은 다음 원래의 질소로 돌아간다. 하지만 연소온도가 높아지면 연료분자보다 먼저 질소가 화학반응을 시작해 산소와 결합한다. 열을 담아두는 한계점을 넘어서면 산소와 결합해 NOx가 된다.

실린더 내 온도가 일정 이상으로 올라간 상태에서, 거기에 절묘한 시점에 연료를 분사하고, 연료와 공기의 균형도 딱 들어맞게, 더구나 연료 알갱이가 초미립자화되어 타기 쉽게 되어 있으면, NOx가 발생하지 않는 아슬아슬한 온도에서 연소가 시작되어, 모든 연료분자가 다 탈 때까지 연소가 지속된다. 이것이 가능하다면 디젤엔진에서는 PM과 NOx가 거의 배출되지 않을 것이다. 하지만 시시각각 변하는 엔진회전 상태에서 이렇게 하기는 불가능하다. 소량의 규제물질이 생성되어도 이것을 나중에 처리하는 방식이 바로 「배기가스 후처리」의 기본 개념이다.

이미 실용화되어 있는 일반적인 DPF는 이런 구조를 하고 있다. 내부에는 미세한 통로가 있고, 그 통로는 번갈아 막혀 있다. PM은 그 막힌 부분에 걸리고, 가스성분만이 필터로부터 밖으로 배출된다. 온도센서는 재생 시에 필터의 온도가 너무 고온으로 상승하지 않도록 온도를 관리하기 위해서이며, 압력센서는 필터가 막히는 정도를 검출한다.

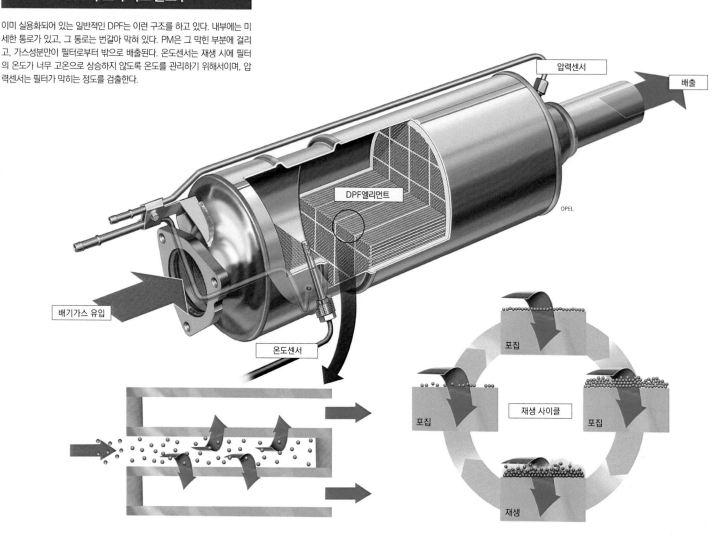

DPF

– Diesel Particulate Matter –

아주 미세한 고형물을 효율적으로 여과하는 기술

미연소 성분 가운데, 고형물이 응집된 것이 PM이다. 고압분사로 연료가 미세한 입자가 됨에 따라, PM도 미세화가 진행된다.
고형이기 때문에 여과하는 방법으로 처리한다. 대기오염의 원인으로도 인식되는 이 PM을 어떻게 처리할 것인가.

본문 : 마키노 시게오 　 그림 : 다임러/볼보/MFi

옛날에 디젤트럭은 검은 연기를 내뿜으면서 달리는 일이 태반이었다. 일본에서는 디젤 엔진의 검은 연기에 대해 오랫동안 「눈으로 확인되지 않는다」고 여겨 느슨한 규제를 계속하였고, 검은 연기에 섞인 미립자 PM(Particulate Matters)를 규제하지 않았다. 일본은 과거에 발생한 몇 가지 사건을 통해 광화학 옥시던트(Oxidant)의 원인이 되는 NOx(질소산화물)를 주목하게 되면서, 극단적으로 NOx를 저감하는 배기가스

규제만 계속해 왔다. 한편 유럽에서는 NOx와 PM을 세트로 규제함으로서, PM을 제거하기 위한 DPF(디젤 미립자 필터)도 유럽에서 먼저 도입하였다.

필터라는 이름이 나타내듯이 DPF는 PM을 모아(포집이라고 한다.) 디젤 배기관 밖으로 나오지 않도록 하는 장치이다. 배기가스 중의 PM만 걸러내는 망 같은 것이 있어서, PM보다 작은 배기가스 성분은 그대로 통과시킨다. 하지만 필터라는 말에서 연상되듯이,

많은 PM이 모이면 배기가스가 필터를 통과하지 못하게 되면서 필터가 막혀버린다. 그대로 놔두면 최악의 경우, 우연이라도 고온의 배기가 DPF로 흘러들어온 순간에 PM에 불이 붙어 필터를 녹여버리게 된다. PM은 탄소이기 때문에 고열을 내면서 탄다.

모아진 PM이 일정량이 되면 처리하는 수밖에 방법이 없다. 이것을 재생(Regeneration)이라고 한다. 일반적인 재생 방법은 극히 소량의 연료를 사용해 PM을

Catalytic Soot Patricle Fitter

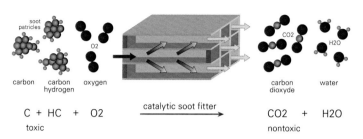

$$C + HC + O2 \xrightarrow{\text{catalytic soot fitter}} CO2 + H2O$$

toxic   nontoxic

배기가스가 DPF로 흘러들어가는 전 단계에서 배기가스에 어떤 성분을 추가하고, 그것을 DPF 내의 화학반응을 통해 연속적으로 PM 이외의 물질로 변환시키는 방법이 연속재생이다. 이것이 「여과 포집」기술 중 하나이다. 위 그림은 매연처리(Soot Treatment) 기술로서, 선박용에 사용되고 있다. 자동차용에서는 산화촉매와 조합된 CRT가 사용되고 있다.

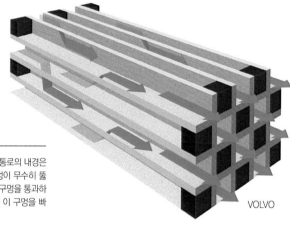

VOLVO

▶ 월 플로우(Wall Flow) 형식

이것은 일반적인 월 플로우형 DPF이다. 교대로 봉쇄된 통로의 내경은 1변이 2mm 정도로서, 벽에는 직경 10μm 정도의 구멍이 무수히 뚫려 있다. 디젤엔진의 PM은 입자지름이 크기 때문에, 이 구멍을 통과하지 못하지만, 가솔린분사 엔진에서 배출되는 나노PM은 이 구멍을 빠져나간다.

실리콘 카바이드

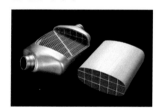

SiCL(탄화규소) 제품의 DPF 담체. 열전도율이 뛰어난 소재이기 때문에 내열한계가 1000℃나 될 만큼 높아서 강제재생에 적합하다. 대형단면을 만들기 어렵기 때문에 소단면 블록을 붙여서 만든다.

코디어라이트(Cordierite)

Si(규소=실리카) 제품 담체는 삼원촉매로도 사용되어 왔다. 만들기 쉽고 가격도 싸지만, 900℃ 정도의 온도에서 유리화되기 때문에 용적 당 여과포집 PM 양이 제한된다.

티탄산 알루미늄

산화 스트론튬이나 산화칼슘을 첨가한 티탄산 알루미늄 담체인 DPF는 코닝이 실용화했다. 내열온도기 1500℃로 아주 높아서, 연속 1200℃에도 견딜 수 있다.

▶ 플로우 스루 (Flow Through) 형식

아주 얇은 금속을 물결 판 형상으로 성형한 다음, 거기에 규칙적으로 스푼 같은 홈을 만들어서는 홈에다가 스테인리스 섬유로 된 부직포 시트를 붙인 것. 내열온도는 1000℃ 이상으로, 포획된 PM은 금속섬유 안에 갇혀서 연소된다. 원조는 독일의 에미텍.

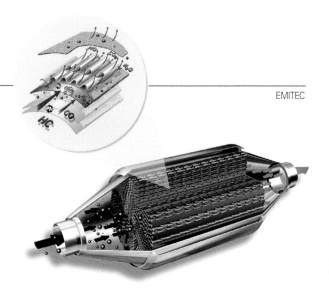

EMITEC

연소시키는 것이다. 그것도 급속히 연소시키는 것이 아니라, 온도가 너무 상승하지 않도록 제어하면서 연소시킨다. 이것을 강제재생이라고 한다. DPF가 막히기 시작하면 압력센서가 막힘 정도를 감지해, 연소제어 컴퓨터로 신호를 보낸다. 그러면 실린더 내에서의 연소가 끝난 후에 극히 소량의 연료를 배기가스 속으로 분사하는 「포스트 분사」가 이루어진다. 이 연료가, 고온의 배기가스가 DPF를 향해서 가는 도중에 서서히 연소해 가는데. DPF 입구 직전에서는 PM을 연소시키는데 적합한 600℃ 정도가 된다. 이 온도로 PM을 연소(산화)시킨다.

또 하나, PM이 모이지 못하도록 항상 처리를 계속하는 연속재생(Continuous Regeneration)이라는 방법이 있다. 자동차용으로는 산화촉매와 연속재생 장치를 세트한 CRT(Continuous Regeneration Trap)가 실용화되어 있다. 먼저, 산화촉매를 사용해 배기가스 중의 NO를 산화력이 강한 NO_2로 바꾸고, 이것을 DPF로 통과시켜 모여 있던 PM을 이산화탄소와 일산화질소로 바꾸는 것이다. 화학식으로는 「$C + NO_2 \rightarrow CO_2 + 2NO$」가 된다. NO도 NOx에 포함되지만, NOx에서 문제가 되는 것은 NO_2로서, PM을 산화시킨 다음에는 NO가 생성되어도 문제가 되지 않는다.

덧붙이자면, 선박용 등에서는 배기가스에 산소를 섞어 배기온도를 상승시킨 다음, 그것을 촉매기능을 가진 PDF에 통과시켜 화학반응을 일으킴으로서 CO_2와 물(H_2O)로 바꾸는 연속재생 방법도 있다. 기술적으로는 발전 도상에 있다.

PM을 배출하지 않는 디젤엔진을 만들려고 하면 연소온도를 높이는 수밖에 없다. 하지만 아무리 고압으로 분사되어 초미립자화된 연료라도 연소 단계에서는 먼저 바깥쪽이 타고, 안쪽은 나중에 탄다. 완전히 연소되기 전에 배기밸브를 통해 실린더 밖으로 배출되면 그것이 PM이 된다.

EMITEC

왼쪽의 메탈 담체 플로우 스루 형식의 DPF에 전열선 히터를 조합한 재생 시스템. 금속제이기 때문에 담체가 그대로 히터가 된다. 다만 외부와의 열차단이 필요하므로 그림에서는 단열층을 사이에 둔 이중구조 캐니스터에 들어 있다.

LNT
- Lean NOx Trap -

귀금속을 이용한 승용차용 해결책

이론공기비(Stoichiometry) 연소에서만 반응하는 삼원촉매에 대항하여 항시 희박연소로 운전하는 디젤엔진의 특색을 살려,
NOx를 직접 포집하는 LNT. 소형일 분만 아니라 저가의 시스템 구성이 장점 중 하나이다.

본문 : 마키노 시게오

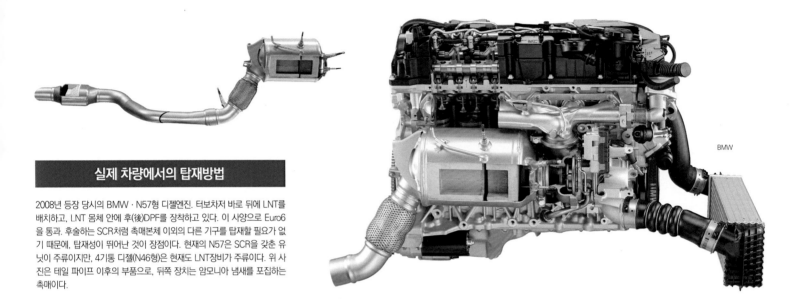

BMW

실제 차량에서의 탑재방법

2008년 등장 당시의 BMW · N57형 디젤엔진. 터보차저 바로 뒤에 LNT를 배치하고, LNT 몸체 안에 후(後)DPF를 장착하고 있다. 이 사양으로 Euro6을 통과. 후술하는 SCR처럼 촉매본체 이외의 다른 기구를 탑재할 필요가 없기 때문에, 탑재성이 뛰어난 것이 장점이다. 현재의 N57은 SCR를 갖춘 유닛이 주류이지만, 4기통 디젤(N46형)은 현재도 LNT장비가 주류이다. 위 사진은 테일 파이프 이후의 부품으로, 뒤쪽 장치는 암모니아 냄새를 포집하는 촉매이다.

HC를 정화에 이용하는 방법

NISSAN

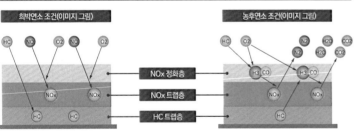

NOx와 함께 규제대상인 HC(탄화수소)를 정화에 이용한 예. 희박연소 운전 시에 NO를 산화시켜 NOx 트랩층에 흡착시키는 동시에, HC도 HC 트랩층에 흡착시킨다. 농후연소 운전 시에는 HC와 O_2를 공급해 H_2와 CO를 생성함으로서, 트랩되어 있는 NOx 및 HC를 N_2/H_2O/CO_2로 정화한다.

NH₃를 생성하여 정화하는 방법

HONDA

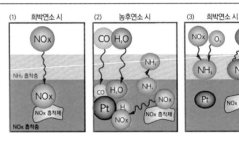

희박연소일 때는 NOx를 트랩층에 포집. 농후연소일 때 배기가스에서 발생하는 H_2와 NOx를 반응시켜 NH_3(암모니아)를 생성한 다음 NH_3 트랩층에 포집한다. 다시 희박연소가 되었을 때, NH_3 및 O_2와 반응해 N_2로 정화시키는 구조.

디젤엔진의 배기에는 대량의 산소가 남아 있다. 공기를 계속 밀어넣어 희박연소시킴으로서 연소온도가 불필요하게 상승하지 않는 고효율 연소를 얻고 있지만, 배기 속의 여분의 산소가 방해를 해 가솔린엔진에서와 같은 삼원촉매를 사용할 수 없다. 삼원촉매에서는 CO(일산화탄소)/HC(탄화수소)/NOx(질소산화물=주로)와 산소를 서로 주고받게 함으로서, 화학반응을 통해 CO_2(이산화탄소)와 H_2O(물)을 생성하고, 환원반응을 통해 N_2(질소)를 만든다. 이것이 동시에 이루어진다.

디젤엔진에서 이런 산화 · 환원반응을 일으키려는 시도가 약 15년 이전부터 연구되어 왔다. 그런 도중에 도요타는 Pt(백금)을 사용하는 방법, 혼다는 NOx에서 암모니아(NH_3)를 생성하는 방법, 독일 BASF는 Pt와 바륨을 사용하는 방법을 각각 고안했다. 도요타 방식은, 촉매담체의 표면에 NOx를 포획한 다음, 어느 정도 양이 모인 시점에서 연료를 농후하게 분사해 배기가스 속으로 미연소 HC를 보냄으로서 NOx를 환원시키는 것이다. HC와 NOx가 균형을 유지한다면 삼

원촉매 같이 작동한다는 발상이다. 또한 미국의 델파이는 연료 자체를 개질(Reform)해서 H_2와 CO로 분해한 다음, 이것을 고온상태에서 NOx 트랩으로 보내 NOx를 환원하는 방법을 고안하고 있다. 각사가 각각의 아이디어를 바탕으로 연구 중이기 때문에 장래의 NOx 대책기술로 주목받고 있다. 다만, 모든 운전상태에서 NOx를 환원하려면 연소의 정밀제어와 연료에 미세하게 포함되어 있는 유황성분에 대한 대책이 필요하다.

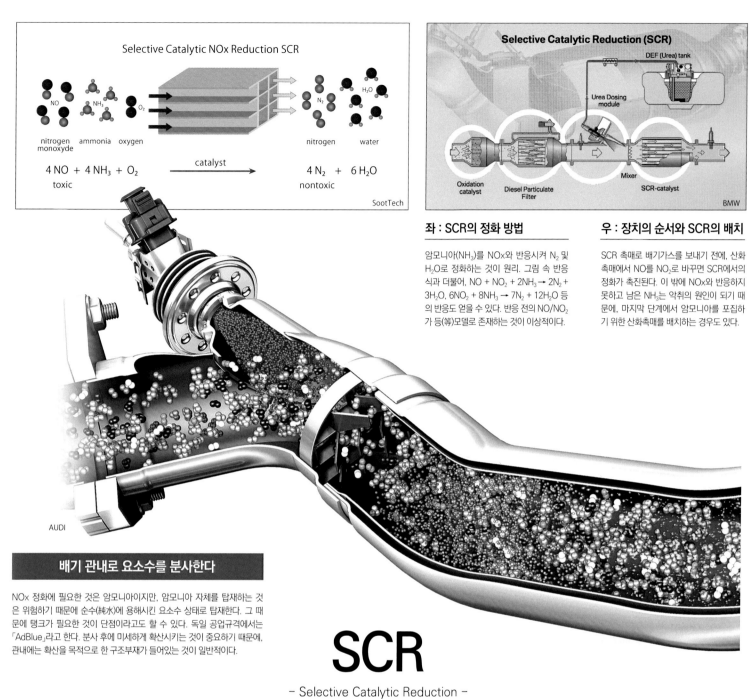

Selective Catalytic NOx Reduction SCR

NO nitrogen monoxyde ammonia NH₃ oxygen O₂

$$4\,NO + 4\,NH_3 + O_2 \xrightarrow{\ catalyst\ } 4\,N_2 + 6\,H_2O$$

toxic   nontoxic

nitrogen N₂   water H₂O

SootTech

Selective Catalytic Reduction (SCR)

DEF (Urea) tank

Urea Dosing module

Oxidation catalyst   Diesel Particulate Filter   Mixer   SCR-catalyst

BMW

좌 : SCR의 정화 방법

암모니아(NH₃)를 NOx와 반응시켜 N₂ 및 H₂O로 정화하는 것이 원리. 그림 속 반응식과 더불어, NO + NO₂ + 2NH₃ → 2N₂ + 3H₂O, 6NO₂ + 8NH₃ → 7N₂ + 12H₂O 등의 반응도 얻을 수 있다. 반응 전의 NO/NO₂가 등(等)모델로 존재하는 것이 이상적이다.

우 : 장치의 순서와 SCR의 배치

SCR 촉매로 배기가스를 보내기 전에, 산화촉매에서 NO를 NO₂로 바꾸면 SCR에서의 정화가 촉진된다. 이 밖에 NOx와 반응하지 못하고 남은 NH₃는 악취의 원인이 되기 때문에, 마지막 단계에서 암모니아를 포집하기 위한 산화촉매를 배치하는 경우도 있다.

AUDI

배기 관내로 요소수를 분사한다

NOx 정화에 필요한 것은 암모니아이지만, 암모니아 자체를 탑재하는 것은 위험하기 때문에 순수(純水)에 용해시킨 요소수 상태로 탑재한다. 그 때문에 탱크가 필요한 것이 단점이라고도 할 수 있다. 독일 공업규격에서는 「AdBlue」라고 한다. 분사 후에 미세하게 확산시키는 것이 중요하기 때문에, 관내에는 확산을 목적으로 한 구조부재가 들어있는 것이 일반적이다.

SCR

– Selective Catalytic Reduction –

현재 상태에서 NOx 배출을 억제하는 최적의 해법일까

NOx를 정화하는 비율로 보면 LNT를 상회하는 성능을 가진 SCR.
승용차/상용차의 경우, 요소수를 이용해 NOx를 정화시키는 구조가 대세를 이루고 있다.

본문 : 마키노 시게오

내연기관에서의 연소는 화학반응이다. 탄화수소(HC)의 집합체인 연료에 대기 속의 산소를 섞어 연소(급격한 산화)시켜 힘을 생성한다. 배기에 포함된 성분도, 그 대부분은 화학반응으로 설명할 수 있다. 그래서 그 자체의 성분은 바꾸지 않고 다른 물질의 화학반응을 촉진시키는 「촉매」를 사용해, 배기가스 속의 성분을 화학반응으로 제어한다는 발상에 이르렀다. 그 대표적인 예가 가솔린엔진의 삼원촉매이다. 배기가스 중의 성분을 다시 조합해 무해하게 하는 장치로

서, 뭔가를 추가하지 않고 상당량의 유해물질을 제거할 수 있다.

한편, 뭔가 하나 정도를 추가해 배기가스를 정화할 수 있다면, 추가해도 되지 않느냐는 발상도 있었다. 그런 대표적 예는 암모니아(NH₃)를 녹인 요소수를 사용해 NOx를 제거하는 요소SCR이다. 산화촉매와 DPF를 통과한 배기에 요소수를 분사함으로서, 배기규제물질인 NOx 중에서, 특히 NO₂(이산화질소)를 안전한 NO로 바꾼다. 그리고 남은 암모니아가 대기

속으로 방출되지 않도록 암모니아를 분해한다(암모니아 슬립). 이런 2단계 구조의 시스템이 이미 실용화되어, 최대 85% 정도의 NOx를 저감하고 있다.

산화촉매와 DPF, Lean NOx 트랩 그리고 요소SCR. 이런 후처리 장치는 어떤 것이든 어느 정도의 체적이 있기 때문에, 차량 안에 잘 배치하려면 플랫폼 설계단계에서 배려할 필요가 있다. 최신규제에 대응하는 디젤엔진은 「화학공장」 같은 구조를 내포하고 있다.

2035년의 클린디젤엔진은
배기량1 ℓ 당 90kW의 최저속회전형으로 변신

그 옛날, 디젤엔진은 같은 배기량의 가솔린엔진보다 최고출력이 작았다.
과급과 고압연료분사를 하면서부터 그 지위는 역전되는데, 압도적인 토크는 디젤엔진의 독무대가 되었다.
과거의 진보가 진행된 연장선상에서 장래를 예측하자면, 어떤 식이든 디젤엔진은 「이상적인 내연기관」이 되리라 생각하는 것이 당연하다.

본문&사진 : 마키노 시게오   그림 : 도요타

| 엔진 단독출력의 경향 | 엔진배기량의 경향 |

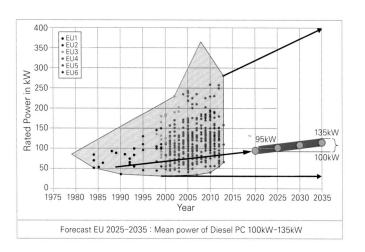

Forecast EU 2025-2035 : Mean power of Diesel PC 100kW-135kW

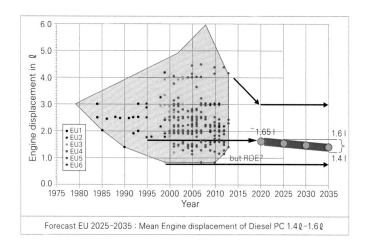

Forecast EU 2025-2035 : Mean Engine displacement of Diesel PC 1.4ℓ-1.6ℓ

2015평균 75kW→2035예상 100~135kW

유로5(그래프 상에서는 오렌지 색 점) 시대에 디젤엔진의 변형엔진들이 일거에 확대된 것을 알 수 있다. 경제성 최우선인 디젤엔진뿐만 아니라 고성능 디젤엔진이 등장해, 르망24시간 레이스에서 디젤엔진 머신이 우승하는 시대를 맞았다. 같은 배기량이라면 가솔린엔진보다 기본적인 열효율이 뛰어난 것이 디젤엔진이기 때문에, 장래의 고성능 차량은 대배기량 터보 디젤엔진으로 집약될 가능성마저 느끼게 하는 그래프이다.

2015평균 1.0ℓ→2035예상 1.4~1.6ℓ

디젤엔진의 엔진배기량은 축소로 나아갈까. 이 그래프에서는 4.0ℓ 이상의 대배기량 디젤엔진이 2020년 이후에 모습을 감추는 것으로 나타나 있다. EU의 CO_2 규제는 CAFE(Corporate Average Fuel Efficiency)로서, 자동차 회사마다 「각 모델의 CO_2 배출량×판매대수」로 배출량 합계를 계산한 다음, 총합계를 판매대수로 나눈 평균치가 규제치를 초과하면 벌금을 물게 된다.

엔진의 진화방향은 가솔린엔진이나 디젤엔진 모두 변함이 없다. 자동차가 탄생한 이후 얼마동안은 어쨌든 「더 강력한 힘」이 목표였다. 힘을 얻기 위해서는 엔진이 크고 무거워지는 것도 허용되었다. 연료소비도 「늘어나는 것이 당연」하다고 생각될 만큼 「작고 가벼운 저연비」는 아직 시대가 요구하지 않았었다. 배기가스를 깨끗하게 해야 한다는, 지금은 당연한 상식마저도 자동차 탄생으로부터 70년을 지난 다음에야 겨우 필요성을 인식하게 되었다.

그렇게 생각하면 21세기에 들어오고 나서 오늘날까지의 십 수 년은, 자동차 엔진에 있어서 그야말로 혁명의 연속이다. 배기량이 불과 1.2ℓ 정도인 엔진이 소형 터보차저로 과급되어 차량중량 1.5t급의 자동차를 넉

넉히 가속시키고, 더구나 배기가스 속의 유해성분은 20년과 비교해 100분의 1 이하이다. 일본에서 배기가스 규제가 「법규」로 시작된 1968년 당시와 비교하면 정말로 격세지감을 느끼지 않을 수 없다.

그렇다면 앞으로는 엔진이 어떤 진화를 거치게 될까. 이번 특집의 주제인 디젤엔진을 바탕으로 예상해보겠다.

이 페이지에 실린 4개의 그래프는 IAV라고 하는, 독일 엔지니어링 회사가 제공해 준 것이다. IAV는 VW(폭스바겐)을 1대주주로, 콘티넨탈과 셰프라 그룹 같은 독일 기업이 출자하고 있는 엔지니어링 회사이다. 하지만 주축은 베를린 공과대학의 연구기관으로, 그 활동은 VW과는 완전히 독립해 있다. 기술적 선행

개발과 제안을 하는 회사인 만큼, 이 4개 그래프는 단순히 1970년대부터 현재까지의 승용차 디젤엔진의 진화 발자취를 추적한 것뿐만 아니라, 장래 예측에 있어서는 독자적인 견해가 들어간 것이라 여겨진다.

먼저 유럽시장에서 판매되는 디젤엔진 차량의 평균 최고출력은 1990년 시점에서 60kW(약80ps) 정도였던 것이, 2013년에는 80kW(약107Pps) 정도로 향상된 것을 알 수 있다. 아주 일반적으로 패밀리카용 자동차에 장착된 디젤엔진은 점점 고출력이 되어 갔다는 것을 알 수 있다.

과거의 경향이 그대로 계속된다고 가정한다면, 앞으로 20여년 후인 2035년의 디젤엔진 차량 평균은 135kW(약181ps) 정도가 된다. 과거의 실적을 그래

프로 그리고. 그 「경향」을 그대로 연장하는 식의 기법은 모든 예측에 사용된다. 디젤엔진의 평균최고출력이 앞으로 어떻게 될지를 예측하는 경우에도, 그래프에서의 경향성은 하나의 귀중한 판단재료라 할 수 있다. 이 그래프는 여하튼 평균최고출력이 135kW가 될 것이라 말하고 있다. 2020년을 예측해도 95kW(약 127ps)이다. 이 디젤엔진을 장착한 차량은 유럽에서는 B/C부문 승용차일 것이기 때문에, VW 폴로, 골프, 포드 포커스 같은 모델이 여기에 해당된다.

2번째 그래프는 평균적 디젤엔진 차량의 엔진배기량이다. 흥미로운 것은 1995년부터 2007년 무렵까지는 「판매추이 곡선」상의 자동차가 장착한 디젤엔진만 하더라도, 현재처럼 4.0ℓ 이상의 배기량은 필요로 하지 않고 3.0ℓ 정도로 낮아지리라 IAV는 예상하고 있다. 작고 강력한 디젤엔진이라는 노선이 더 명확해진다는 것이다. 이 예측을 뒷받침하는 그래프가 3번째이다. 디젤엔진의 배기량 당 출력을 나타낸 그래프로서, 과거에 쭉 「우상향 추이」였던 것을 알 수 있다. 그렇다면 당연히 앞으로도 배기량 당 출력은 계속해서 상승할 것이다.

2020년 시점에서의 예측은 배기량 1ℓ 당 57kW(약76ps)로서, 여기까지는 종래와 똑같은 그래프 기울기이다. 그런데 2024년부터 기울기가 바뀌어 더 심한 경사를 나타낸다. 즉 해마다 배기량 당 출력의 증가가

적 압축비가 어떻게 변해왔는지를 나타낸 것이다. 원래 디젤엔진은 압축비가 높았다. 그 이유는 추운 장소에서 엔진시동을 걸기 위해서이다. 압축비를 높게 한다는 것은 실린더 안으로 밀어넣은 공기의 체적을 아주 작게 압축한다는 것이다. 압축비 22란 원래의 기체 체적을 22분의 1로 줄인다는 의미이다. 흡기 온도가 디젤엔진의 연료인 경유의 착화점 온도보다 높아지면 거기에 연료를 분사하는 것만으로도 연소시킬 수 있다. 가령 외기온도가 영하라고 하더라도, 압축비를 22 정도까지 높이면 온도는 충분히 상승한다.

압축비는 점점 낮아지고 있다. 가장 낮은 디젤엔진은 마쓰다의 스카이액티브 -D2.2로서, 겨우 14밖에

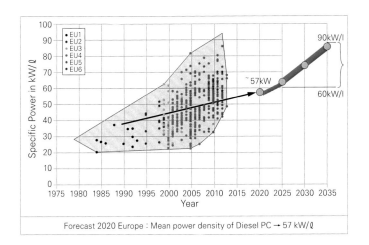

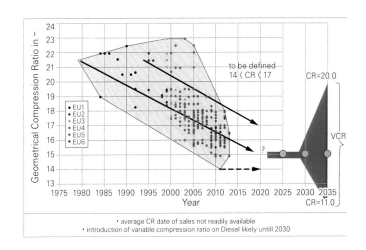

배기량 1ℓ 당 출력의 경향 〉 압축비 저하의 경향

2015평균 55kW→2035예상 60~90kW

현재도 배기량 1ℓ 당 90kW 이상을 발휘하는 고성능 디젤엔진이 있기는 하지만, 20년 후에는 90kW/ℓ가 평균적인 디젤엔진의 출력이 될 것이라는 예측이다. 80년대 말부터 현재까지의 추이를 그대로 연장해도 90kW/ℓ가 되지 않는다. 2025년 전후에 뭔가 성능을 크게 향상시키는 기술이나 장치가 실용화된다는 전제로 예측했을 것이라 생각한다. 그것은 차세대 과급기를 중심으로 한 것이겠지만….

2015평균 15.7→2035 때는 가변압축비를 실현

유로5에 대응하기 위해 디젤엔진의 압축비는 전체적으로 내려갔다. 유로6에 대한 대응도 그런 경향을 잇고 있다. 마쓰다가 14를 실현한 이후, 각 메이커는 압축비 인하에 주력했다. 「14는 역시나 과하다. 15정도면 적당」이라는 발언도 있는데, IAV의 예측도 2020년대는 150이다. 흥미로운 점은 그 다음의 가변압축비이다. 이미 IAV는 몇 가지 기술적 구상을 가지고 있다. 그 중 하나가 57페이지의 그림이다.

배기량이 그다지 변하지 않았다는 점이다. 한편, C/D부문 승용차에 대해 살펴보면, 탑재 디젤엔진 배기량이 90년대 초에는 2.2ℓ 이었지만, 90년대 후반에는 1.9ℓ가 된다. 물론 성능은 떨어지지 않았다. 반대로 출력은 상승하였다. 그리고 2020년 이후는 평균적으로 디젤엔진 차량의 엔진 배기량이 작아질 것으로 IAV는 예측하고 있다. 1, 2번째 그래프를 통합해서 살펴보면, 앞으로 디젤엔진은 배기량축소=다운사이징이 진행돼도 종래의 디젤엔진보다 출력은 상승한다는 예상이 가능하다. 2035년에는 최대양산 디젤엔진이 1.4ℓ임에도 불구하고 C/D부문의 승용차를 작동시킬 것이다.

또한 엄청난 출력을 발휘하는 대배기량 고성능 디젤

커질 것이라는 견해이다. 2024년에 무슨 일이 있는 것일까. 지금 연구하고 있는 신기술이 이 정도 시기가 되면 몇몇 시판차량에 적용될 것이라고 보는 것일까.

2035년 시점에서는 1ℓ 당 90kW(약120ps)에 다다른다. 1.4ℓ 터보 디젤엔진으로 170ps를 발휘한다는 계산이다. 당연히 이 무렵에는 CO_2 규제나 배기가스 규제도 현격하게 엄격해져 있을 것이다. 게다가 배기가스 측정은 RDE(Real Driving Emission)이다. IAV의 일본법인에서는 「RDE가 되면 배기가스가 빠져나갈 길이 매우 좁아진다」고 이야기하고 있다. 그래도 디젤엔진은 배기량 당 출력이 크게 늘어날 것이라는 예측이다.

4번째 그래프는 약간 전문적으로, 디젤엔진의 기계

안 된다. 이것은 세계를 놀라게 했다. 압축비가 낮으면 압축한 흡기가 연소해 팽창할 때의 팽창비도 마찬가지로 작아지기 때문에 「그만큼 엔진의 일량이 줄어드는 것 아니냐?」라고 생각되지만, 피스톤과 연소실이 받는 연소압력이 낮아지기 때문에 엔진을 튼튼한 고강성으로 설계할 필요가 없고, 가볍고 작아지면서 냉각수 용량도 줄고, 마찰(기계손실)도 줄어든다. 따라서 에너지 효율이 좋아진다. 이것은 마쓰다 디젤엔진이 증명한 것이다.

IAV가 제공한 그래프에는 2022년 무렵부터의 경향으로, 압축비 15가 평균값이 될 것 같은 선이 그려져 있다. 가장 아래에 있는 파선 화살표는 압축비 14인 마쓰다 디젤엔진을 나타낸다. 그 선으로 평균값이

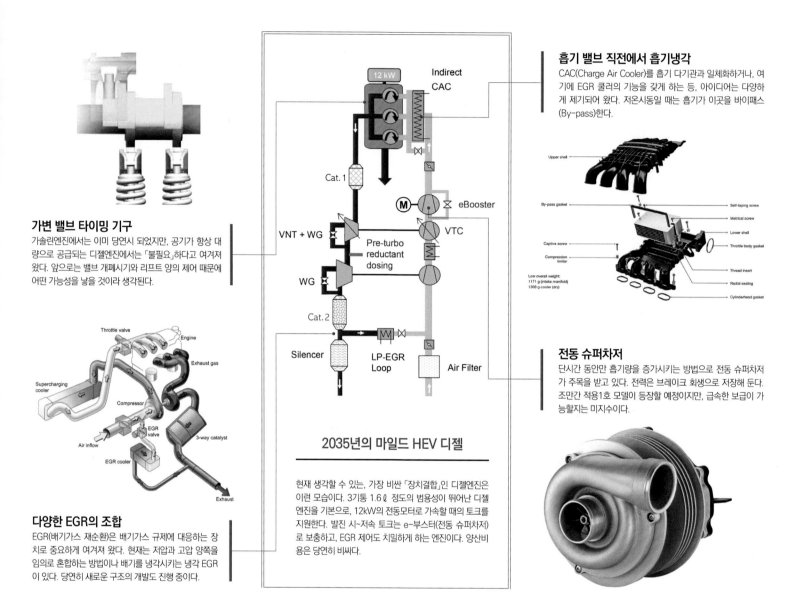

가변 밸브 타이밍 기구

가솔린엔진에서는 이미 당연시 되었지만, 공기가 항상 대량으로 공급되는 디젤엔진에서는 「불필요」하다고 여겨져 왔다. 앞으로는 밸브 개폐시기와 리프트 양의 제어 때문에 어떤 가능성을 낳을 것이라 생각된다.

흡기 밸브 직전에서 흡기냉각

CAC(Charge Air Cooler)를 흡기 다기관과 일체화하거나, 여기에 EGR 쿨러의 기능을 갖게 하는 등, 아이디어는 다양하게 제기되어 왔다. 저온시동일 때는 흡기가 이곳을 바이패스(By-pass)한다.

다양한 EGR의 조합

EGR(배기가스 재순환)은 배기가스 규제에 대응하는 장치로 중요하게 여겨져 왔다. 현재는 저압과 고압 양쪽을 임의로 혼합하는 방법이나 배기를 냉각시키는 냉각 EGR이 있다. 당연히 새로운 구조의 개발도 진행 중이다.

전동 슈퍼차저

단시간 동안만 흡기량을 증가시키는 방법으로 전동 슈퍼차저가 주목을 받고 있다. 전력은 브레이크 회생으로 저장해 둔다. 조만간 적용1호 모델이 등장할 예정이지만, 급속한 보급이 가능할지는 미지수이다.

2035년의 마일드 HEV 디젤

현재 생각할 수 있는, 가장 비싼 「장치결합」인 디젤엔진은 이런 모습이다. 3기통 1.6ℓ 정도의 범용성이 뛰어난 디젤엔진을 기본으로, 12kW의 전동모터로 가속할 때의 토크를 지원한다. 발진 시~저속 토크는 e-부스터(전동 슈퍼차저)로 보충하고, EGR 제어도 치밀하게 하는 엔진이다. 양산비용은 당연히 비싸다.

근접해 간다는 예측이다. 그리고 가장 흥미로운 점은 2030년 이후에 압축비가 「넓어지는」 모습이다. IAV는 「가변압축비 기술」의 실용화가 이 무렵이라고 보고 있는 것 같다. 더구나 2035년 무렵에는 압축비 11~20 사이에서 가변이 되는 디젤엔진이 등장한다는 암시가 이 그래프에 들어있다. 흡배기 시점을 바꾸면 압축비를 1~2 정도 변경할 수 있다. 앞으로는 디젤엔진에도 가변 밸브 타이밍 기구가 적용될 것이다. 그러나 11~20 정도의 폭에서 압축비를 바꿀 수 있으려면 실린더 블록이 신축이라도 하지 않는 한은 무리라고 생각한다. 대체 어떻게 할 생각인걸까.

이처럼 온고지신에 근거하여 예측하자면, 앞으로의 디젤엔진은 다운사이징이 더욱 심화되어 엔진 배기량은 작아지겠지만, 반면에 같은 배기량에서 생성할 수

있는 출력은 커지며, 압축비는 낮아지는 반면에 문제가 되는 저온시동성은 나빠지지 않고, 마찰이 줄어들며, 엔진 본체 중량도 가벼워지는 등등의 변화가 예상된다. 그런 도중에도 대단한 기술혁신이 있으면 순식간에 3~4년을 앞서가는 진보가 이루어진다. 이런 식의 느낌이 아닐까. 아마도 2035년 모델의 메르세데스 벤츠 E클래스는 「E190D」가 주력으로, 이 190은 배기량이 아니라 190kW(255ps)라는 의미로서, 실제 배기량은 2.0ℓ, 최대토크는 500Nm 이상의 사양일지도 모른다.

한 가지, 다양한 디젤엔진 연구자나 엔진기술자들이 말하는 것은 2017년부터 도입될 RED에의 대응이다. RED에는 「어떤 운전을 해도 배기가스를 깨끗하게 유지한다」는 목적이 있어서, 종래의 어느 지역 배

기가스 측정모드보다도 현실적인 주행에 가까운, 엄격한 테스트방법이다. 유럽, 미국, 일본 등이 합의한 WLTP(Worldwide harmonized Light vehicles Test Procedures)라고 하는 시험방법을 토대로, 섀시 다이나모 상에서의 랜덤 사이클 시험과 실제 도로상에서의 배기가스 계측, 양쪽이 실시된다. 현재의 배기가스 시험은 실제로 운전자가 도로 상을 주행할 때의 운전에서 「안정적인」 부분만을 추출하고 있다. 그것이 RED에서는 「공격적인 주행」까지 테스트를 받는다.

가속페달을 급격하게 밟았을 때도 배기가스를 오염시키지 않아야 한다. 운전자에게는 가속 응답을 정확히 전달하는 한편으로 각 기통의 연소도 정확히 관리해야 한다. 4기통이라면 1번 기통에서 먼저 공기 흡입량을 약간 늘려 연소시키는 순간, 터보회전속도를 순

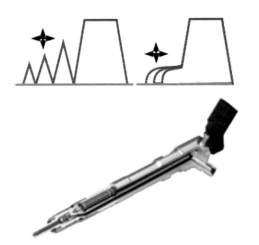

이 부분에 씰(Seal) 부분이 그려져 있다. 위쪽 블록이 5mm 움직이게 되면 씰(Seal)도 움직여야 한다. 「이런 큰 부품이 필요할까?」라고도 생각되지만, 유럽에서는 RED 도입과 규제강화가 기다리고 있다.

실린더를 사이에 두고 2개의 캠 샤프트가 위쪽 블록을 위아래로 움직이는 역할을 맡는다. 움직이는 폭은 5mm 정도라고 하는데, 기계적 압축비를 크게 변경할 수 있다. 타이밍 체인 길이변화는 흡수해야 한다.

차세대 연료 인젝터

분사압력을 높일 뿐만 아니라 시간별 분사율을 제어하는 레이트 셰이핑(가변분사율) 형식이 등장한다. 이것을 사용하면 위 그림과 같은 「장화 형식의 분사 패턴」이 가능해진다.

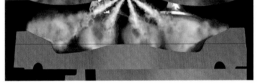

압축비가 시시각각 바뀌면 연소도 바뀐다. 각각의 압축비에 맞는 연료분사가 필요하게 되는 것이다. 이 그림의 피스톤 형상이 현재 유행이 되고 있다. 중앙이 크게 패였거나 리엔트런트(reentrant) 형상이 아니라 플랫에 가깝고, 스퀴시 영역은 아주 작다.

압축비 가변에 대한 접근

이 엔진은 IAV가 구상하는 가변 압축비 엔진의 단면이다. 실린더 좌우에 캠이 있고, 이것을 움직임으로서 실린더~실린더 헤드를 일체로 상하로 움직여 기계적 압축비를 가변시킨다. 즉 엔진 블록은 2개로 나눈다. 가변에 필요한 에너지와 가변으로 얻어지는 연비/출력이 균형을 이룰까. 연구는 막 시작되었을 뿐이지만, 신선한 아이디어이다.

간적으로 올리고, 이어지는 4번 기통에서는 과급압력을 올리고, 하지만 연료가 타고 남은 찌꺼기가 나오지 않도록 제어 하는 등의 치밀한 제어가 필수이다. 실린더 내 압력센서 장착은 당연하고, 컴퓨터의 연산속도도 현재의 2배가 되며, 더구나 응답성을 떨어뜨리지 않는 EGR(배기가스 재순환)이나 48V 사양의 전동 슈퍼차저 장착. 이런 것들도 필수가 되지 않을까!

디젤엔진도 어쨌든 하이브리드가 될까. 그럴 경우에는 스트롱(Full)일까 마일드일까 또는 플러그인일까. 모든 주행영역에서 적극적으로 모터를 사용하는 스트롱 하이브리드를 사용할 선택지는 있을 것이다. 다만 어쩌면 가격 측면에서는 플러그인 쪽이 싸게 할 수 있는 가능성도 있다. 플러그인 하이브리드 차량은 법규상, 「배기가스 제로」가 되기 때문에, 자동차 회사에게

는 궁합이 잘 맞는다. 반대로 디젤엔진의 토크와 응답성을 주체로 하고, 필요할 때만 전동모터를 가담시키는 마일드 하이브리드는 「가격이 비싸다」고 IAV는 말한다. 어쩌면 2030년 무렵의 주류는 소배기량 디젤엔진을 장착한 플러그인 하이브리드가 될지도 모르겠다.

개인적으로는, 전동 슈퍼차저와 배기터빈 방식의 종래형 터보차저를 조합하고, 수동변속기 안에 보조 모터를 집어넣은 싱글클러치 AMT의 터보 디젤엔진 마일드 하이브리드가 가까운 장래의 D부문에서 주류가 되지 않을까 생각한다. 엔진배기량은 1.6ℓ 이것으로 아우디 A4나 BMW 5시리즈를 달리게 하고, RDE에서 충분한 성적을 거두면서 배출도 억제시킨다. RED 시대의 빠른 해답은 여기에 있을 것이라 생각한다.

유럽에서 신규 생산차량을 대상으로 배기가스 규제

가 시작된 것은 일본과 미국보다 훨씬 뒤인 1991년 10월로서, 그때까지는 배기가스를 방치하는 상태였다. 그러나 각국에서 삼림이 피해를 입고, 도시의 대기오염이 진행되면서 유럽은 규제로 돌아섰다. 1992년 11월 EU(유럽연합) 탄생을 계기로 가맹국들은 배기가스 규제인 「유로」를 도입했다. 동시에 자동차가 1km를 달릴 때 배출하는 CO_2를 96g 이하로 줄인다는 목표를 내세우면서 2017년에 이것이 정식 규제가 된다. 그리고 어떤 운전을 하더라도 배기가스를 깨끗하게 한다는 목표인 RDE가 도입된다. 즉 「디젤엔진을 제어하는 자가 세계를 제어하게 되는 미래」가 도래하고 있다.

도해특집 **Thermal Efficiency**

열효율

목표
50%!

자동차의 에너지 효율을 높이려는 끊임없는 개발

대부분의 자동차에 탑재되는 4행정 엔진의 효율은 빈말이라도 칭찬을 받기 어렵다. 연료를 실린더 안에서 연소시키고 나서 동력에너지로 사용할 수 있는 것은 거껏해야 30%. 세계 최첨단의 기술로도 40%가 안 된다. 심지어 이 수치조차도 가장 좋은 운전상태일 때의 이야기이다. 즉, 통상적인 사용에서는 연료에너지의 대부분이 손실로 버려지고 있다.

왜 그럴까. 자동차의 엔진은 상황에 따라 엄청나게 변하기 때문이다. 그 사용법을 크게 바꿀 수는 없다. 전 세계 기술자들은 이 낭비요소를 줄이기 위해 유사 이래 끊임없는 도전을 계속해 왔다.

손실을 최소한으로 줄이고, 열효율 즉, 연비를 향상시키기 위해서는 어떻게 하면 좋을지. 엔진의 열효율에 대하여 다양한 각도에서 살펴보았다.

4행정 엔진만으로 이 세상은 충분할까?

자동차 세계는 거의 전부가 4행정 엔진으로 통일되었다. 모터 사이클에서도 2행정 엔진는 점점 사라지고 있다.
하지만 내연기관의 특허를 조사해 보면, 다양한 사이클이 출원되어 있음을 알 수 있다.
4행정 사이클과 공존할 수 있는 사이클은 언제 나타날까?

본문&사진 : 마키노 시게오

6행정 엔진의 개념을 처음으로 직접 보았다. 기본은 스즈키 3기통 660cc 엔진으로, 여기에 필요한 정도만큼 개조한 시작(試作) 엔진이다. 연소실 안은 통상적인 4행정 엔진과 아무런 차이가 없다. 6행정이기 때문에 크랭크축 3회전에 연소 1회. 스로틀을 놓았을 때만 이 운전을 한다. 스로틀을 열고 갈 때는 4행정으로 작동한다. 4행정 엔진과 공유되는 부품이 많아서 그런 점에서는 이해하기가 쉬운 엔진이다.

개발 주체는 사이오우 엔지니어링의 사토 시게루 사장. 이스즈 자동차에서는 디젤엔진에 관여했고, 미쓰비시 중공업에서는 MAN제 엔진을 담당했으며, 야마하에서는 선박용 엔진을 개발했다. 그런 경험 속에서 항상 「4행정 말고는 없을까?」라는 질문을 품었다고 한다. 현재 6행정의 국제특허를 출원 중이며, 중국이나 한국의 자동차 메이커가 흥미를 보이고 있다.

사토씨의 작업장은 어수선한 분위기의 차고이다. 여기저기에 좋아하는 것들이 놓여 있다. 그러고 보면 옛날에는 자동차 메이커에서도 이런 「소수정예 프로젝트」나 「과외수업」이 있었다는 생각이 난다. 뜻있는 사람들이 모여 연구모임이 시작되고, 「해볼까」하는 이야기로 정리된다. 작업 짬짬이 시작작품을 만들고, 그 가운데 상사의 눈에 띄어 「너무 화려하게는 말고」 식으로, 사실 상의 OK 사인이 나온다. 일본의 제조업은 그런 프로젝트를 많이 해 왔다. 그것이 때로는 큰 전력이 되기도 했다.

그럼 분위기의 차고에 6행정 시작엔진이 해체되어 있었다. 이벤트 별 크랭크 각을 표시하는 원반이 정겹다.

「예전에 오토바이에 4행정 엔진이 등장했을 때는 누구나 『뭐야, 출력이 안 나오잖아』하고 생각했을 겁니다. 나도 그랬으니까요. 그러나 현재는 4행정 엔진

쪽이 확실하게 출력이 나오고 있습니다. 30년이 흐르면서 상식이 역전된 것이죠. 6행정도 4행정 이상이 될 수 있지 않을까 하는 것이 나의 꿈입니다」

그렇게 말하면서 사토씨는 6행정용 부품에 대해 설명해 준다.

「이게 캠 구동 벨트입니다. 원래 4행정용보다 풀리 지름이 커진 만큼 벨트가 길어진 것이죠. 코그드 벨트인데, 톱니 수는 직접 계산해 시작작품으로 주문합니다. 그런데 1개나 2개 만들어 달라고는 못하죠. 긴 원통 형상으로 만든 다음 필요한 폭으로 잘라야 하기 때문에 몇 십 개나 만들어지기 때문이죠. 양산하는 것이 아니기 때문에 그렇게 많이는 필요 없지만..」

그렇다 하더라도 지름이 크다. 이유를 물었더니 「4행정을 개조하기 때문에 캠 풀리를 크게 하든가, 크랭크 풀리를 작게 하든가 해야 합니다. 벨트를 감는 반경은 그다지 작게 할 수 없어서 이것저것 실험한 끝에 이렇게 된 것입니다」라는 대답이다. 스스로 생각해 도면을 그리고, 필요하다면 부품을 만들어 본다. 그런 과정을 밟고 있기 때문에 무엇을 물어도 정확하게 이유를 말해 준다.

산이 꽤나 높은 캠 샤프트도 사토씨가 설계해 발주한 것이다. 끝이 둥근 피니언 기어가 아닐까 싶을 정도로 솟아 있다. 하지만 분명 캠 샤프트이다.

「이 정도의 산으로 깎으려면 양쪽에서 볼 엔드밀로 깎고 난 다음, 나중에 밀 흔적을 없애는 수밖에 없죠」

모든 것이 제로에서 완성된 것이다. 지금 자동차 메이커에서도 이런 작업은 그다지 많지 않을 것이다.

「예전에는 이런 식의 작업이 당연했습니다. 엔진설계는 모눈종이 위에서 시작하고, 탁상 계산을 토대로 점차 치수를 결정해 나가면서 엔진다운 모습으로 만들어 나가는 작업이었죠. 지금 생각하면 황당할 수도

있는 설계였어도, 어쨌든 시작품을 만드는 것은 회사가 허락해 주었던 거죠. 해보라고 말이죠. 그래서 시작품을 만들고, 벤치 테스트에 걸어 자신들의 느낌과 경험, 다양한 노하우가 있는 베테랑들의 조언으로 완성해 나갑니다. 그런데 동적인 데이터를 측정하면 설계값과 맞지 않는 겁니다. 그래서 캠 리프트를 미세하게 변화시키거나, 밸브 스프링을 바꿔보기도 하곤 했죠. 그런데 이렇게 해보니 캠이 닳는다거나 로커 암이 닳는 등, 여러 가지 현상이 나타나는 겁니다. 결국에는 이것들을 하나하나 검증해 해결해 나갔던 것이죠. 우리들은 행복한 시대에 일을 했던 것 같습니다」

같은 공정을 사토씨는 6행정 엔진에서도 반복하고 있다. 컴퓨터 시뮬레이션도 이용하지만, 그렇게 될 때까지의 과정은 자신 머릿속에서 생각하는 수밖에 없다. 여하튼 시작엔진은 완성했기 때문에 다음은 차에 장착해 동적 데이터를 측정하는 것이다. 문제가 있으면 원인을 밝혀내고 대책을 세운 다음, 다시 시작 엔진을 개량한다.

「제 시대에는 엔지니어가 손이랑 머리 다 작동시켰습니다. 공작클럽 같은 것이었죠(웃음). 6행정 엔진도 이것을 완성시켜 세상에 내놓는다 하더라도 파문을 일으키리라고는 생각하지 않습니다. 만들어보고 싶어서 만드는 것 뿐입니다」

이렇게 말하기는 하지만, 사토씨는 이 세상이 4행정 엔진만으로는 충분하지 않을 것이라는 생각을 계속 품어 왔다. 그래서 몸이 움직였던 것이다. 그렇다. 이 세상은 4행정 엔진만으로는 만족하지 못할 것이다.

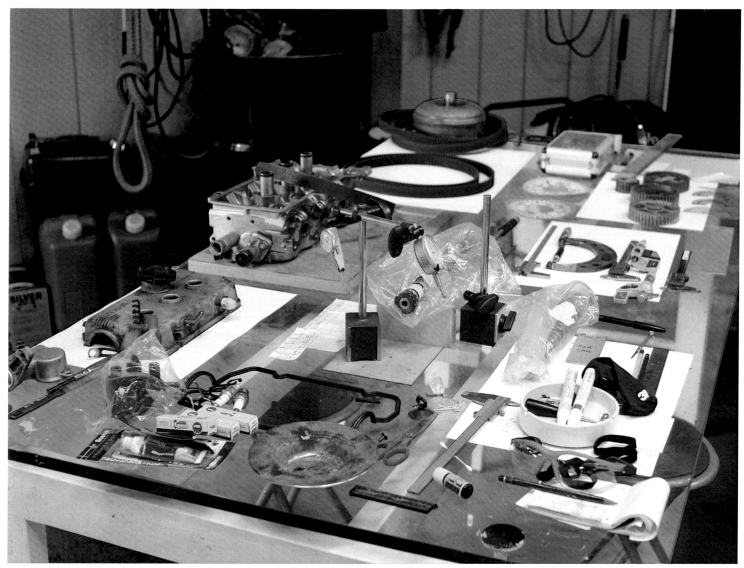

CHAPTER

[Various Engine for Energy]

에너지를 이끌어내는 수단

흡입, 압축, 팽창, 배기 4가지 동작은 모든 엔진에서 공통

폐쇄된 공간에서 연료를 연소시켜 얻은 열에너지를 압력 그리고 운동에너지로 변환시키는 내연기관.
구체적인 구조와 방법에는 몇 가지 종류가 있지만, 거기서 이루어지는 4가지 동작은 기본적으로 전부 동일하다.
아래 그림은 대표적인 3가지 형태의 엔진에 있어서의 작용을 크랭크각으로 살펴본 것이다.
1사이클 분의 작동을 소화하는데 필요한 크랭크 회전각이 각각의 특징을 명확하게 보여주고 있다.

2Stork Engine

2행정 엔진

크랭크축이 1회전할 때마다 연소·팽창을 한다. 피스톤이 한 번 왕복하는 동안 4가지 행정을 하기 때문에, 기본적으로 각각의 행정은 명확하게 구분되지 않고, 오버랩하면서 다음 행정으로 옮겨간다. 실린더 측면에 설치된 포트와 아래쪽 크랭크실을 소기(Scavinging) 펌프로 이용하는 구조가 핵심이다.

4Stork Engine

4행정 엔진

피스톤의 1행정마다 한 가지 행정을 부여해 4가지 행정, 바꿔 말하면 크랭크축 2회전=720도에서 4가지 행정을 완료한다(즉, 연소는 720도마다 1회). 행정 사이의 구분이 비교적 명확한 편으로, 그 중에서도 피스톤의 행정을 최대한으로 이용할 수 있는 팽창행정은 좋은 효율성을 만들 분 아니라 중요한 역할을 담당하고 있다.

Wankel Engine

방켈/로터리 엔진

누에고치 형상의 하우징 안을 요동하면서 회전하는 로터가 1회전할 때마다 4가지 행정을 소화한다. 2:3 기어비를 가진 내접운동 기어의 작동에 의해, 이 사이에 크랭크축에 해당하는 편심(Eccentric) 축이 3회전(1080도)을 하는데, 3개의 로터 각 변에서 연속적으로 행정이 계속되기 때문에 폭발은 편심축 1회전마다 1회 이루어진다.

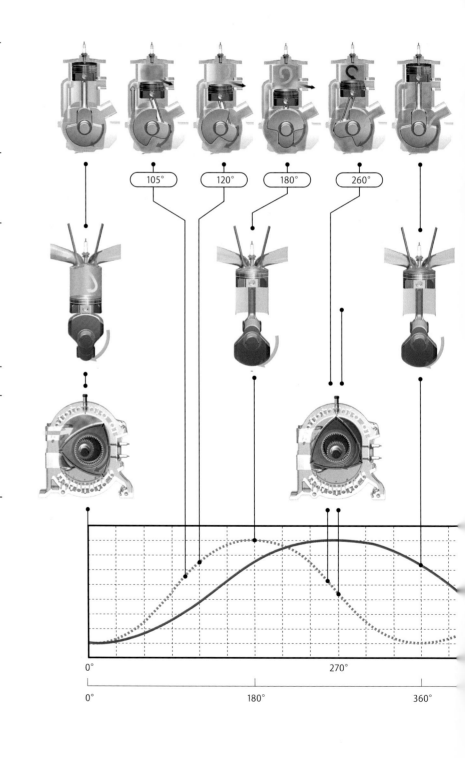

2행정 엔진, 4행정 엔진 그리고 방켈 엔진, 이들 차이를 이해하는데 있어서 중요한 것이, 흡입과 압축, 팽창, 배기 4가지 행정(1사이클)을 소화하는데 필요로 하는 크랭크축 회전각의 크기와 그 분포이다.

2행정 엔진에서는 360도(1회전), 4행정 엔진은 720도(2회전), 방켈엔진은 1080도(3회전). 가장 작은 크랭크 회전각으로 1사이클을 수행하는 2행정 엔진은 360도 안에서 4가지 행정을 마치기 때문에 각각의 행정이 겹치는 형태로 이루어지는데 반해, 1사이클에 그 배의 크랭크 회전각을 필요로 하는 4행정 엔진에서는 1회의 피스톤 행정마다 한 가지 행정이 할당

된다. 3가지 방식 중에서 방켈엔진이 가장 천천히 행정을 하는 것처럼 보이지만, 이것은 3각 로터의 1변에 있어서의 이야기로, 실제로는 3변에서 연속적으로 행정이 진행되기 때문에 360도마다 어느 쪽 한 변이 행정을 끝내는 형태가 되어 2행정 엔진과 똑같은 조건이 된다.

기본적으로 1사이클 분의 행정을 소화하는 크랭크축 회전각이 작으면 기계적 에너지를 생성하는 빈도가 증가하게 되어 높은 출력을 얻을 수 있다. 이런 점에서 보면 2행정 엔진이 유리하지만, 열효율이라는 측면에서 보면 피스톤의 행정을 최대한으로 살려 에너

지를 회수할 수 있는 4행정 엔진이 유리하다.

한편, 현재의 4행정 엔진은 (2행정 엔진의) 1/2 밖에 안 되는 에너지 생성빈도를 열효율 향상으로 충분히 커버하고 있다. 이것이 자동차용 엔진으로서 4행정 엔진이 주류를 차지한 이유이다.

덧붙이자면, 방켈엔진은 2행정 엔진과 4행정 엔진의 중간적 존재라 할 수 있는데, 가늘고 긴 각의 연소실 때문에 연소실 효율이 나쁘고, 고압축화(고팽창비화)하기 어렵다는 점 때문에 열효율이라는 측면에서는 4행정 엔진보다 약간 뒤처지는 형태라 할 수 있다.

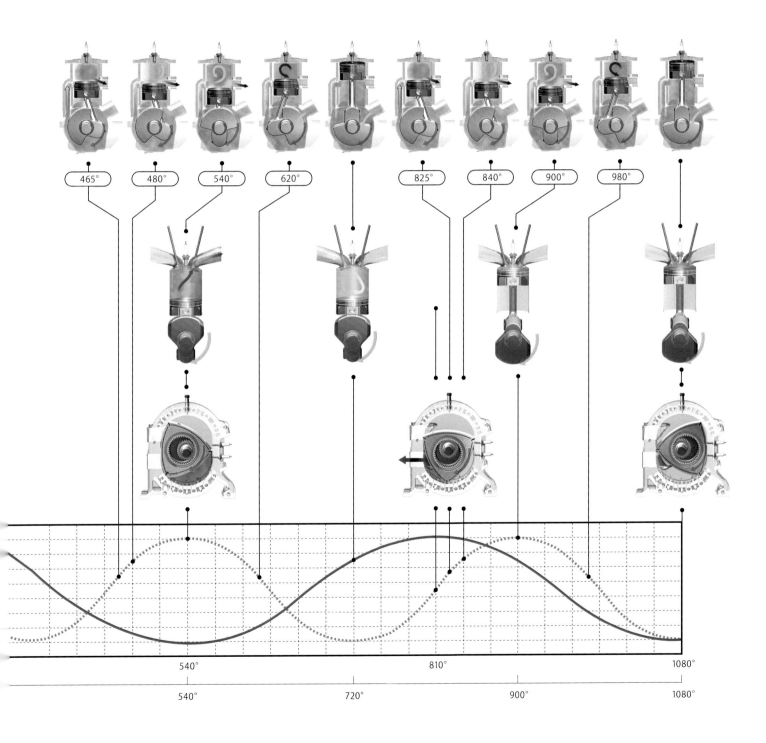

4행정 엔진

자동차용 내연기관의 주류

크랭크축이 720도 회전하는 동안에 1사이클 분의 행정을 소화.
2왕복하는 피스톤의 행정을 최대한으로 살려 높은 열효율을 이끌어낸다.

본문 : 다카하시 이페이   그림 : 다임러/볼보/MFi

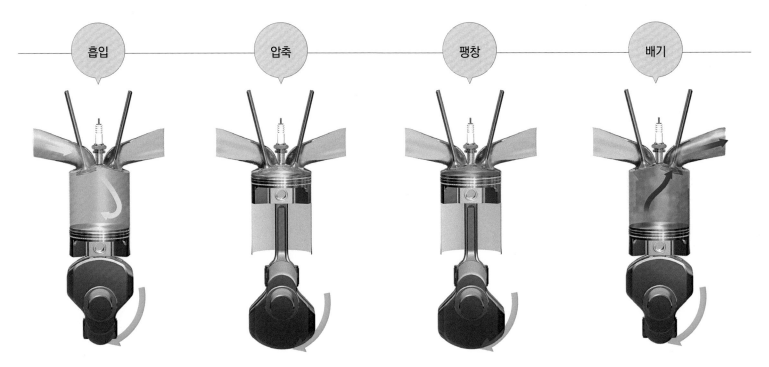

| 흡입 | 압축 | 팽창 | 배기 |

아래를 향해 이동하는 피스톤의 움직임에 맞춰 흡기 밸브가 열리고, 흡기포트에서 공기 혹은 혼합기(이하 外氣)를 흡입. 하강하는 피스톤에 의해 실린더 내에 발생하는 부압이 대기압 상태(경우에 따라서는 과급압 상태)의 외기를 흡입한다.

흡배기 양쪽 밸브가 닫힌 상태에서 하사점으로부터 상사점으로 피스톤이 이동함으로서 실린더 내로 유입된 외기를 압축. 단열압축에 의해 실린더 안의 온도는 상승하는데, 디젤엔진에서는 이 때의 압축열을 이용해 연료를 착화시킨다.

혼합기가 폭발(적 연소)로 급격하게 체적을 늘려나감으로서 피스톤이 아래로 밀리는 형태로 내려간다. 이 행정으로 연소에 의한 열에너지가 운동 에너지로 바뀐다.

피스톤이 하사점에 도달하면 팽창행정은 종료되고, 연소가 끝나고 남겨진 혼합기는 배출 가스가 된다. 배기 밸브가 열리면서 피스톤이 상승하면 이 연소가스를 실린더 안에서 밖으로 밀어낸다(배기한다).

현재, 자동차용 엔진으로서 주류를 차지하고 있는 4행정 엔진은 각 행정마다 부여된 개별 행정과, 포핏 밸브라고 하는 버섯 모양의 밸브가 특징. 행정을 동작별로 나눔으로서 외기와 배기가스가 기본적으로 서로 섞이는 경우가 없고, 각 행정에서 피스톤의 행정을 최대한으로 살린 확실한 동작이 가능하다.

밸브를 캠 샤프트로 구동하기 때문에 동작 지체를 의식할 필요가 있어서, 예전에는 모든 상태에서 여유 있는 설계가 필요하다고 생각해 이상적인 타이밍을 설정하기가 어려웠다. 하지만 근래에는 가변 밸브 타이밍 기구 등의 등장으로 더 정확하고 이상적인 밸브 타이밍 설정이 가능한 상태이다.

덧붙여서 말하면, 압축행정에서도 의식적으로 흡기 밸브를 연 상태로 두고 압축 쪽의 유효 행정을 줄이는 식의 애트킨슨 사이클(밀러 사이클)도 이런 방식.

그밖에도 흡기 밸브의 개도를 연속적으로 변화시켜 스로틀로서의 역할을 부여함으로서 스로틀 밸브를 생략하는 식의 스로틀리스(Throttleless) 기구나 가솔린 분사기술의 도입 등, 현재 주류를 차지하고 있는 엔진 형식이기 때문에 주변기술 개발도 눈부시게 등장하고 있다. 그야말로 이제는 다른 방식의 대체를 생각할 여지가 없어지고 있다.

지금은 열효율이 최대 30%대 후반에 이르러 40%대까지도 시야에 들어온 4행정 엔진이지만, 근 수 십 년에 걸쳐 기본적인 구조에 큰 변화가 없다는 점도 어떤 의미로 흥미로운 점이다.

Otto cycle

[오토 사이클]

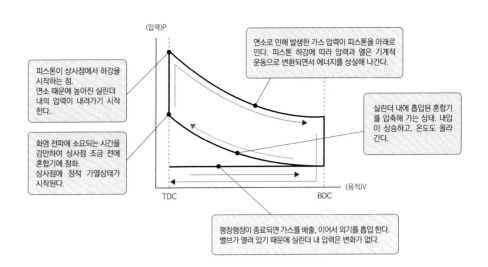

피스톤이 상사점에서 하강을 시작하는 점. 연소 때문에 높아진 실린더 내의 압력이 내려가기 시작한다.

연소로 인해 발생한 가스 압력이 피스톤을 아래로 민다. 피스톤 하강에 따라 압력과 열은 기계적 운동으로 변환되면서 에너지를 상실해 나간다.

실린더 내에 흡입된 혼합기를 압축해 가는 상태. 내압이 상승하고, 온도도 올라간다.

화염 전파에 소요되는 시간을 감안하여 상사점 조금 전에 혼합기에 점화. 상사점에 정적 가열상태가 시작된다.

팽창행정이 종료되면 가스를 배출, 이어서 외기를 흡입 한다. 밸브가 열려 있기 때문에 실린더 내 압력은 변화가 없다.

가장 일반적이고 기본적인 4행정 불꽃 점화기관. 압축비와 팽창비가 동일하기 때문에 열효율을 향상시키기 위해 팽창비를 크게 하려면 압축비도 높여야 하는 어려움이 있다. 높은 압축비는 노킹으로 이어지는 동시에 펌프 손실의 증대도 초래하기 때문에 압축비 설정이 중요한 사안이다.

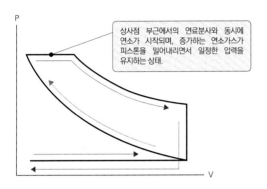

상사점 부근에서의 연료분사와 동시에 연소가 시작되며, 증가하는 연소가스가 피스톤을 밀어내리면서 일정한 압력을 유지하는 상태.

Diesel cycle

[디젤 사이클]

미리 연료를 혼합한 혼합기 상태의 공기를 압축하는 가솔린 엔진에 비해 공기만 압축한 다음, 거기서 발생하는 열을 이용해 실린더 내에 분사한 연료를 착화시키는 디젤 엔진. 압축온도가 충분히 상승한 상사점 부근에서 연료를 분사하면 분사와 동시에 연소가 시작되고, 실린더 내압을 일정하게 유지하면서 피스톤이 하강한다.

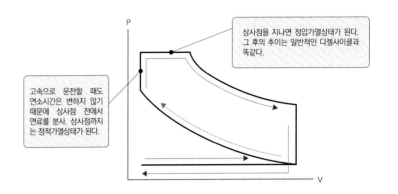

상사점을 지나면 정압가열상태가 된다. 그 후의 추이는 일반적인 디젤사이클과 똑같다.

고속으로 운전할 때도 연소시간은 변하지 않기 때문에 상사점 전에서 연료를 분사. 상사점까지는 정적가열상태가 된다.

Sabathe cycle

[복합 사이클]

승용차 등에 이용하는 고속 디젤기관의 사이클. 아주 짧은 시간 내에 연료를 연소시키기 때문에 상사점 전부터 연료를 분사해 점화시킴으로서, 점화부터 상사점까지는 오토 사이클과 똑같은 정적(定積) 가열상태가 된다. 상사점 이후는 일반적인 디젤사이클과 똑같아서, 정압가열상태를 거친 다음에 단열팽창으로 진행한다.

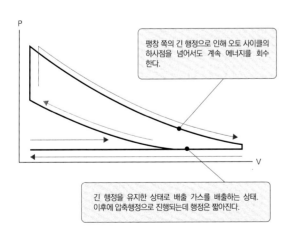

팽창 쪽의 긴 행정으로 인해 오토 사이클의 하사점을 넘어서도 계속 에너지를 회수한다.

긴 행정을 유지한 상태로 배출 가스를 배출하는 상태. 이후에 압축행정으로 진행되는데 행정은 짧아진다.

Atkinson cycle

[애트킨슨 사이클]

압축 쪽과 팽창 쪽 행정이 서로 다르다. 팽창 쪽의 긴 행정으로 인해 오토 사이클에서는 회수가 안 됐던 영역까지 에너지를 계속 회수할 수 있기 때문에, 오토 사이클과 비교하면 PV선도의 "완만한 선"이 우측을 향해 가늘고 길게 뻗어있는 점이 특징이다. 팽창행정 선의 높이가 대기압 근처까지 내려가 있는 점에 주목할 것.

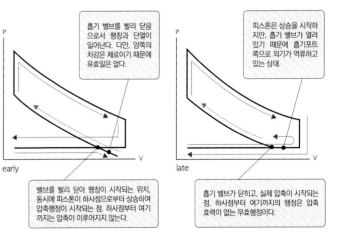

흡기 밸브를 빨리 닫음으로써 팽창과 단열이 일어난다. 다만, 양쪽의 차감은 제로이기 때문에 유효일은 없다.

피스톤은 상승을 시작하지만, 흡기 밸브가 열려 있기 때문에 흡기포트 쪽으로 외기가 역류하고 있는 상태.

밸브를 빨리 닫아 팽창이 시작되는 위치, 동시에 피스톤이 하사점으로부터 상승하여 압축행정이 시작되는 점. 하사점부터 여기까지는 압축이 이루어지지 않는다.

흡기 밸브가 닫히고, 실제 압축이 시작되는 점. 하사점부터 여기까지의 행정은 압축효력이 없는 무효행정이다.

Miller cycle

[밀러 사이클]

흡기 밸브를 닫는 시점에 따라 압축할 때의 유효 행정을 단축해 실제 압축비를 낮게 함으로서 고팽창비와의 균형을 유지하는 방법. 흡기 밸브를 빨리 닫는 방식과 늦게 닫는 방식이 있는데, 그 효과는 거의 비슷하지만 PV선도에서는 위와 같은 차이로 나타난다. 자동차용에서는 이 방법이 애트킨슨 사이클로 사용되고 있다.

2행정 엔진

예전에는 대세를 이루었던 소배기량 엔진

소기 펌프로 이용되는 크랭크실의 존재가 핵심.
항상 복수의 행정이 겹쳐서 일어나면서 피스톤 1왕복(2행정)으로 1사이클을 완성한다.

본문 : 다카하시 이페이   그림 : 구마가이 도시나오

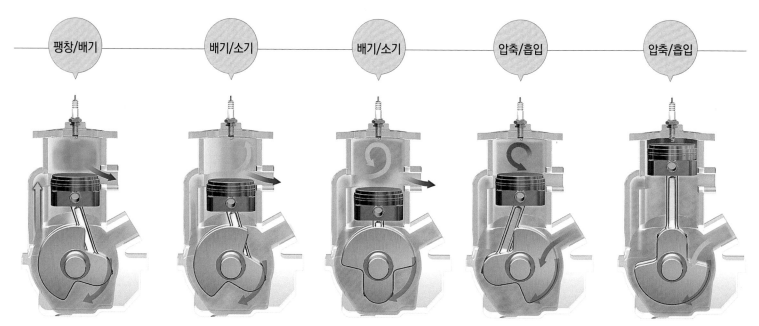

피스톤이 상사점에서 하강해 헤드 면이 배기포트 상현(上弦)에 다다르면 배기행정을 시작한다. 동시에 피스톤 하강과 더불어 크랭크실 쪽에는 압력이 걸리고(1차압축), 혼합기는 소기 포트가 열리는 것을 기다리는 상태가 된다.

피스톤이 더 하강해 헤드 면이 소기 포트 상현에 다다르면 예압된 혼합기가 세차게 실린더 안으로 유입. 1차압축이 중요한 것은 이 기세가 필요하기 때문이다. 배기포트는 열린 상태로서, 혼합기와 연소가스가 혼재한다.

하사점. 피스톤/크랭크에 의한 1차압축은 여기서 종료. 실린더 내에서는 혼합기가 유입되는 기세가 연소가스를 밀어내고 일부 혼합기는 같이 배기포트로 빠져나가지만, 배기관 내의 배출압력파에 의해 다시 실린더 내로 밀려 들어온다.

하사점을 지나 피스톤이 상승을 시작하면 크랭크실은 부압이 되고, 역류방지 밸브를 통해 기화기에서 혼합기를 필요한 만큼 흡입한다. 실린더 내에서는 피스톤이 소기/배기포트를 지나 양 포트가 닫힌 시점부터 압축이 시작된다.

상사점에서 압축혼합기는 최대압이 되며, 점화 후에 팽창행정으로 진행한다. 크랭크실 내부 압력도 상사점에서부터 부압에서 정압으로 바뀌는데, 역류방지 밸브의 작동으로 혼합기는 역류하지 않고 피스톤 하강 후에는 크랭크실 내부에서 1차압축이 시작된다.

크랭크가 360도 회전하는 동안, 즉 피스톤이 1회 왕복하는 것만으로 1사이클이 완성되는 2행정 동작은 약간 복잡하다. 이해를 하는데 있어서의 핵심은, 소기(Scavenging) 펌프로 이용되는 크랭크실의 존재와, 실린더 측면에 장착되어 있어서 피스톤이 밸브로서 작동하는 슬리브 밸브라 불리는 밸브 형식이다. 2행정 엔진에서는 이 요소들이 잘 조합되어 항상 복수의 행정이 겹친 상태에서 운전되기 때문에, 크랭크축이 1회전하는 동안 모든 행정이 완료된다는 특징을 갖고 있다. 그 중에서도 대표적인 것을 하나 꼽으라면 소기(청소)이다.

소기(Scavenging)는 2행정 엔진 특유의 행정이라고도 할 수 있는 것으로서, 굳이 표현하면 흡입과 배기를 동시에 하는 것이다. 크랭크실에서 사전에 예압된 외기가 크랭크 케이스/실린더 벽에 설치된 소기 전용 포트를 통해 실린더 안으로 들어가 연소가 끝난 연소가스를 밀어내면서 실린더 내에 충전되어 가는 과정이다.

이 외기가 연소가스를 밀어낼 때 배기포트를 통해 많은 양이 빠져나가는 것이 2행정 엔진의 배기에 HC(즉 미연소가스)가 많은 원인이다. 이 동작은 1회전할 때마다 폭발하는 2행정 엔진의 구조에 있어서 가장 중요한 요소 가운데 하나인 만큼 비켜서 지나갈 수는 없다. 게다가 2행정 엔진에서는 챔버라고 불리는 특수한 배기관을 이용한다. 말하자면 2행정 엔진의 숙명이라고도 할 만한 결점이다.

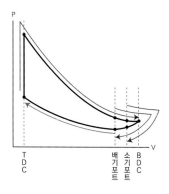

4행정 엔진의 흡기나 배기 같이 일에 직접 관여하지 않는 행정이 존재하지 않기 때문에 PV선도는 매우 단순하다. 소기/배기 포트는 실린더 벽면에 뚫려 있기 때문에 하사점 전후에서 대칭적으로 열린 상태가 된다. 슬리브 밸브가 갖는 특성이다.

6행정 엔진

모색은 계속하고 있지만 활로가 있을지는 미지수

4행정에 크랭크축 1회전 분의 2행정을 추가한 형식.
추가된 2행정으로 무엇을 할 것인가, 이것이 문제이다.

본문 : 다카하시 이페이   그림 : 구마가이 도시나오

사이오우 엔지니어링에서 개발한 6행정 엔진

추가분인 2행정으로 외기 도입과 냉각용 챔버로 축적을 한다. 메이커 엔지니어였던 회사 대표가 스즈키 F6형을 기반으로 손으로 만들어 완성한 것이다. 캠 샤프트는 큰 풀리 때문에 1/3로 감속된다.

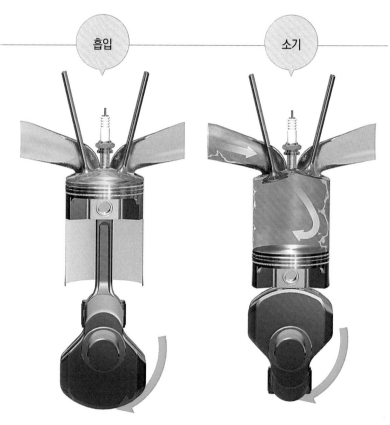

전례가 많다고는 할 수 없는 6행정 엔진이지만, 4행정에 추가한 2행정은 공기의 흡입, 배출에 의한 연소실 내의 소기와 냉각이다. 관성만의 회전력으로 무리 없이 회전하기 때문에 큰 일을 시키지 않는다는 생각이 기본에 깔려 있다.

왼쪽 행정에서 들어온 외기를 배기포트를 통해 배출. 잔류 가스가 완전히 없어지면서 동시에 연소실 냉각이 이루어진다. 연비경쟁 경주에서는 이것과 반대로 엔진의 과냉각을 방지하기 위해 배기포트에서 다시 배기를 역흡입하는 예도 있다.

4행정 엔진이 배기를 끝낸 다음에 크랭크축 1회전 분의 행정을 더 추가하는 6행정 방식은, 주로 연비경기용 엔진 등에서 볼 수 있는 방식이다. 크랭크축 3회전에서 한 번 뿐인 폭발, 더불어 크랭크축 2회전 분이 관성으로만 회전하게 되어 있기 때문에 추가된 2행정에서는 큰 일은 시키지 않겠다는 것이 기본적인 개념이다. 외기 도입에 따른 완전 소기와 냉각에 의한 고압 축화 실현, 저부하 운전이 많은 외에 관성주행 등으로

차가워지기 쉬운 엔진을 보온하기 위한 배기의 재흡입 등, 방식은 몇 가지가 있지만 흡입하고 배출하기만 할 뿐 압축 등은 하지 않는다는 점은 공통적이다. 그러나 추가분 행정에서 과급을 하는 방식이 등장했다. 사이오우 엔지니어링의 6행정 엔진이 그것이다. 지금이야 아무런 의문도 갖지 않을 만큼 당연시되고 있는 4행정 엔진의 존재에 태클을 거는 일이다. 의문이라는 것을 잊어버린 세상의 엔지니어에게 자극을 주고 싶

다는 생각으로 사이오우 엔지니어링의 대표가 손으로 완성한 것으로서, 추가분 2행정으로 외기 도입과 과급용 챔버에 축적을 하는 식이다. 크랭크축 3회전에 한 번의 폭발이 일어나는데, 시동성이 나쁠 것 같은 이미지이지만 시동은 실로 싱겁다. 역시 물건과 일은 실제로 해보지 않으면 알 수 없다. 한 가지 확실한 것은 6행정이 엔진으로 성립한다는 사실이다.

방켈 엔진

독자적인 괴짜 기관

내연기관에는 피스톤의 상하왕복운동을 회전운동으로 변환하는 왕복 피스톤 엔진과, 회전운동으로만 작동하는 기관이 있다.
회전기관으로 대표적인 기관은 가스터빈과 로터리 엔진이다. 그 특이한 기구를 들여다 보자.

본문 : MFi   그림 : 구마가이 도시나오/세야 마사히로

흡입
행정

압축
행정

로터리 엔진의 연소 사이클

로터리 엔진에는 편심축이 3회전하는 동안에 3각 로터의 각변에서 1회씩 연소한다. 4행정 엔진과 비교하면 크랭크각 1080도에 한 번 연소하는 것이기 때문에 6행정 엔진이라고도 할 수 있지만, 로터의 3변에서 동시에 행정이 진행되기 때문에 실제로는 크랭크각 1080도에서 3회 연소, 바꿔 말하면 2행정 엔진이라고 부르는 것도 가능하다. 여기서는 로터가 1회전하는 동안 어떤 일이 일어나는지 살펴보겠다.

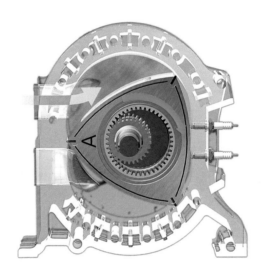

로터의 정점 A가 배기포트를 통과하면 동시에 흡입행정이 시작된다. 종료는 로터 측면의 사이드 실이 흡기포트를 완전하게 막은 시점. 4행정에서의 밸브 타이밍(흡기)은 포트의 원주방향 길이로 결정된다.

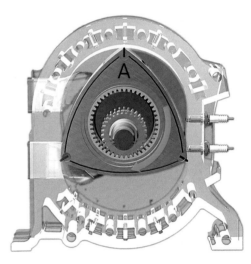

로터가 단순히 원운동만 하고, 하우징이 단순한 기다란 원이라면 흡입체적과 압축체적은 같다. 즉, 압축을 하지 않는다는 말이다. 이 대목이 로터의 편심운동과 트로코이드(Trochoid) 곡선으로 구성된 하우징이 만들어내는 로터리 엔진의 핵심부분이다. RENESIS RE의 압축비는 10:1이다.

1960년대 후반, 방켈 엔진에 실용화 전망이 보이자 동시에 전 세계 자동차 메이커가 누구나 할 것 없이 개발에 주력하기 시작했다. 기계적인 단순함, 적은 진동, 작고 가벼워 고출력을 내는 등, 당시의 방켈 로터리엔진은 그야말로 이상적이고 궁극적인 자동차용 엔진이었다. 하지만 제품화에 이르기까지의 뜻하지 않은 기술적 난관과 오일 쇼크의 발생으로 인해 동양의 약소 메이커 단 한 곳만 빼고는 모두 손을 빼게 된다.

로터리 엔진의 본질을 말하자면, 책 한권을 써도 부족하다. 부품 갯수가 적고, 저진동·고출력 등등. 다만 연비가 최악이다. 열효율을 연비와 똑같이 다룬다면 이것은 가장 나쁜 예 그 자체이다. 수많은 씰(Seal)로 압축을 지탱하는데 따른 피할 수 없는 마찰과 압축 누설, 이동하는 연소실의 큰 표면적에 의한 냉각손실 등은 구조적인 결함이라 근본적인 해결은 현 상태에서 불가능에 가깝다. 하지만 근자에 와서 혼미한 정도가 심화되는 내연기관 세계에서 연료의 질을 불문하고 수소까지 받아들이는 다양성과, 질량대비 큰 출력 등

의 이유로 레인지 익스텐더를 비롯한 신세대 엔진으로서 다시 각광을 받고 있다. 물론 리더십을 쥐고 있는 것은 마쓰다지만, 한 회사만의 개발만으로는 기술적 진보가 순조롭지 않았던 역사를 감안하면, 많은 메이커가 참가해야 새로운 지평이 열릴 것이다. 이 지면을 통해 한 번 더 이 희소한 엔진에 많은 메이커가 주목하길 바라마지 않는다.

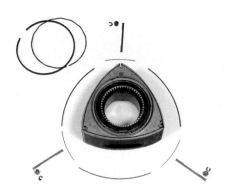

아펙스, 코너, 사이드, 오일 같은 각종 씰(Seal)은 로터리 엔진의 핵심이자 가장 중요한 부품이다. 그 조립 정밀도는 피스톤 링 등의 비율이 아니라 소정의 성능을 발휘하기 위해 전문적인 기술을 필요로 한다.

초기 방켈 엔진 개발단계에서 큰 장벽이었던 것이 이 아펙스 씰(Seal)이다. 하우징과의 마찰로 인해 생기는 「악마의 채터 마크(Chatter Mark)」를 극복할 수 있었던 것은 마쓰다뿐이었다. 시판제품은 알루미늄과 카본의 복합재이다.

점화
팽창행정

배기
행정

다시흡입
행정으로

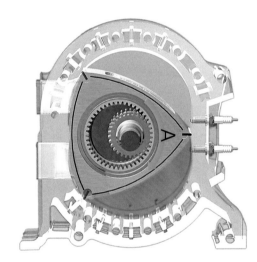

로터리 엔진 행정의 최대 특징은 연소실이 이동하면서 팽창하는 것이다. 그 때문에 S/V비율이 크고, 연비=열효율이 좋지 않다. 4행정 엔진에서와 같은 소형 연소실이 없어 화염전파에 시간이 걸리기 때문에 플러그가 2개 배치되어 있다.

로터 측면이 배기포트를 통과하면 배기행정이 시작된다. RENESIS 이전은 하우징 원주 쪽에 있는 페리퍼럴(Peripheral) 포트. 배기가 바로 빠져나가 열효율은 좋지만, 아펙스 씰(Apex Seal)로 개폐를 제어하기 때문에 오버랩이 불가피했다.

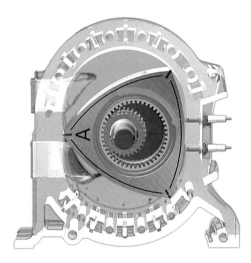

흡배기 출입을 포트와 로터의 회전만으로 제어해, 소위 말하는 동적 밸브 시스템이 없다는 점에서는 2행정 엔진과 똑같은 구조이다. 이 기계적 간소함과 부품 갯수가 적다는 것이 60~70년대에 자동차 메이커를 매료시켰던 점이기도 하다.

카본 복합재가 접촉하는 원주면과 고무가 접촉하는 측면에서는 필요한 성능조건이 다르다. 사이드 포트 외연은 씰(Seal)의 공격성을 완화하기 위해 미세한 라운드가 들어가 있다. 원주면은 알루미늄 강판으로 주조한 다음 경질 크롬도금 시공을 한다.

센터 쪽에 대해 편심(Eccentric)되어 있기 때문에 편심축이다. 초기 방켈엔진은 로터 쪽이 편심되어 있었기 때문에 형상이나 명칭도 다르다. 2로터까지는 일체성형이지만, 3로터 이상에서는 조립구조를 하고 있다.

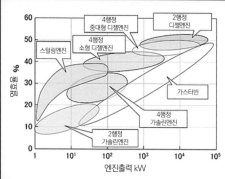

* 출전 : 해상기술안전연구소

**4행정 가솔린엔진,
그리고 자동차용 엔진의 효율**

다양한 내연기관 중에서 가장 효율이 뛰어난 선박용 2행정 디젤엔진은 열효율이 약50%. 하지만 4행정 가솔린엔진에서는 30% 중반, 그것도 소정의 회전속도와 부하일 때만 그렇다. 다른 뛰어난 열효율 엔진이 있는데도 불구하고 4행정 가솔린엔진이 자동차에 중용된 것은 시동 용이성, 소형, 부분적인 부하에서의 응답성, 유해배출가스 대응 등, 실질적인 사용편리성이 뛰어나기 때문으로서, 효율만으로 보아서는 최고가 아니다.

Illustration Feature
Thermal Efficiency

CHAPTER

에너지 효율과 손실

엔진의 가능성, 그 빛과 그림자를 확인해 본다.

내연기관이 하는 일은 석유연료를 화학에너지→열에너지→운동에너지 식으로 에너지 형태를 바꾸어 동력으로 이용한다는 것이다. 그러나 열에너지를 100% 운동에너지로 변환시키지는 못 한다. 그것은 왜일까? 어떻게 하면 변환효율을 100%까지 끌어올릴 수 있을까.

자동차용 엔진의 에너지 효율

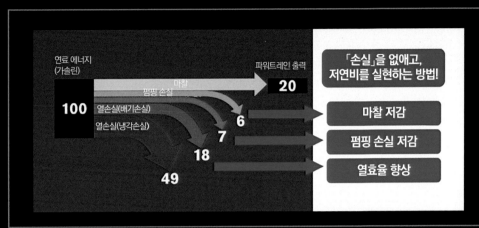

자동차용 4행정 가솔린엔진이 「버리고 있는」 에너지 중 약 반 정도가 냉각에 의한 열손실이다. 연소실을 소형화해 S/V비를 작게 하는 등의 대책이 있지만, 원리적·기계설계적인 장벽이 높고, 기초연구 진화와 비용이 과제이다. 마찰, 펌핑 손실, 배기손실 저감은 국부적인 대책의 축적이긴 하지만, 실제로 해볼 만한 여지는 아직도 많다. 최근의 엔진기술 주제가 이 3가지에 집중되어 있다는 것에서도 엿볼 수 있다.

펌핑 손실

스로틀을 부분적으로 열었을 때, 흡기관이 부압이 되면서 발생한다. 피스톤에 펌프 역할을 시키는데서 생긴 명칭이다. 스로틀리스 기구를 사용하면 해결되지만, 비용과 기계적 제약으로 인해 대체방법을 이용하는 경우가 많다.

흡기밸브가 닫히는 타이밍 변경이나 실린더 휴지 등과 같이 밸브 작용을 바꾸는 방법, EGR을 도입해 흡입 산소량을 줄이는 방법 모두 필요한 스로틀 개도를 크게 해 펌핑 손실을 줄이기 위해 사용하는 수단들이다.

기계적 손실

크랭크, 피스톤, 캠, 밸브부터 보조장치까지 엔진에는 다양한 부분에 접동부분이 있다. 이 부분들은 출력발생에 불필요한 마찰저항을 발생시켜 손실을 낳는다. 하나하나는 적어도 전체적인 마찰에 있어서 기능을 잃지는 않는다.

피스톤 스커트에 대한 이황화(二硫化) 몰리브덴 코팅, 동변계에서는 롤러 로커나 DLC 등이 대표적인 마찰 저감기술이다. 불필요한 때에도 같이 돌아가는 워터 펌프를 전동화하는 것도 주류를 이루고 있다. 유행이 지나간 것처럼 보인 타이밍 벨트의 부활도 이런 흐름에 편승한 것이다.

열손실

열손실 가운데 배기손실은 지금까지 거의 손길이 미치지 않았던 것에 가깝지만, 터보의 폐열을 이용한 콤파운드 엔진이 실용화를 향해 움직이고 있다. 2014년부터 새로 규정된 F1 엔진은 사례 연구로서 주목할 만하다.

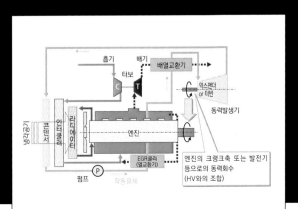

도요타와 혼다의 하이브리드용 엔진이 열효율 39% 정도를 둘러싸고 불꽃을 튀기고 있다. 열역학의 신이 본다면 「겨우 39%」 정도 밖에 안 되는 도토리 키 재기일 것이다. 1ℓ에 2000원짜리 가솔린을 소비해야 800원어치도 일을 못 시키는 것이다. 열역학의 신 입장에서는 바가지라고 할지도 모른다. 하지만 행정이 몇 m나 되는 2행정 엔진을 장착해도 효율은 50%를 넘지 못한다. 열을 동력으로 바꾸는 작업은 이처럼 노고만 많이 들어가지 결실이 적다.

엔진에 관계된 엔지니어들은 노력에 비례하지 않는 연구를 0.1%라도 높이기 위해 날마다 지혜를 짜내고 있다. 그 결과는 수익을 올리는 것이 아니라 손실을 줄이는 것이다. 마찰 손실, 펌핑 손실, 배기손실 등등, 갖가지 유해배출물 부분에 잠재해 있는 「이익을 갉아먹는 밥벌레」를 찾아내 제거하는데 밤낮을 잊고 매달려 있는 것이다.

자동차용 엔진으로서 가장 일반화된 4행정 가솔린 엔진은 내연기관으로서 특별히 뛰어난 열효율을 갖고 있지는 않다. 하지만 자동차에 탑재해 누구나가 쉽게 쓸 수 있고, 소음이나 배기가스 등과 같은 부정적 요소를 최소한으로 억제할 수 있는, 이 정도로 뛰어난 원동기가 없는 것 또한 사실이다. 그래서 열효율을 저해하는 다양한 요인이 있다하더라도 그런 장점이 있는 이상, 우리들은 4행정 엔진을 어르고 달래서 단점을 줄임으로서 계속 사용하는 수밖에 없다. 현재 상태에서는 말이다.

꿈은 열효율 100%, 현실은 「40% 달성」이다.

실린더 휴지의 장점은 손실이 큰 부하영역을 피하는 것

그다지 출력을 필요로 하지 않는 운전영역에서 실린더의 반 정도를 쉬게 하는 실린더 휴지.
4기통 100ps인 경우는 1기통 25ps씩 순서대로 1실린더, 2실린더, 3실린더, 4실린더 순으로 운전시킬 수 있으면 이상적이다.
앞으로 이런 융통성 있는 가변 실린더 엔진이 탄생할 가능성이 있을까.

본문 : 마키노 시게오   그림 : 아우디/IAV/만자와 고토미/세야 마사히로
특별감수 : 게이오의숙대학 이공학부 이이다 노리마사 교수(Professor Dr. Norimasa IIDA Keio University)

2+2 분리방식

독일 엔지니어링 회사 IAV가 제안한 엔진은, 같은 위상의
2기통을 180도 위상으로 배치하고 있다. 휴지할 때의 2기
통은 기계적인 회전도 멈추는 방식이다. 그 때문에 크랭크
축은 2기통 마다 독립되어 있다. 플라이휠 쪽(우측 그림에
서는 우측) 2기통은 시동을 걸 때부터 계속 작동한다. 필요
하다면 좌측 2기통을 합류시키는데, 동력은 바로 앞의 밸
런서 축 중앙에 있는 클러치가 연결됨으로서 앞 2기통에
가산된다.

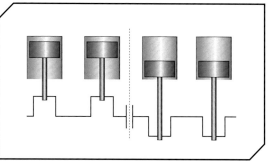

단 좌측 사진은 앞쪽이 크랭크축이고, 우측 사진은 앞쪽이 밸런서 축이다. 크랭크축은 2번/3번 실린더 사이에서 분리되어 있다. 밸런서 축도 마찬가지이지만 이쪽은 2/3번 사이에 클러치가
있다. 이 클러치를 끊고 이어줌으로서 3/4번 실린더의 일을 1/2번 실린더의 일에 합체시킬 수 있다. 밸런서가 커져 무게가 늘어나는데, 그것을 커버할 만큼, 여유 있는 연비절감효과가 있다고
IAV는 밝히고 있다. 캠 쪽에도 휴지기구가 있어서, 쉬고 있는 기통에서는 모든 부품이 작동하지 않는다.

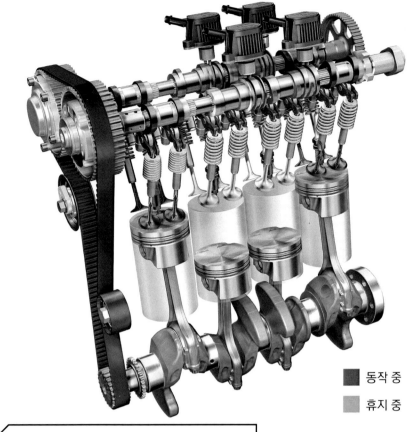

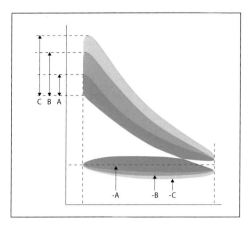

연료투입량과 「일」의 관계

소위 말하는 PV선도이다. 세로축이 실린더내 압력이고 가로축이 피스톤 위치를 나타낸다. 가장 압력이 높아지는 압축 쪽에서 보면, 연료/공기의 투입량에 거의 비례해 압력이 높아진다. A 상태에서는 효율이 좋지 않다.

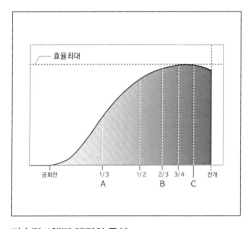

가솔린 4행정 엔진의 특성

엔진 회전속도와 출력의 관계를 도식적으로 나타낸 그래프. 일반적으로 스로틀 개도 2분의 1 이하에서는 비효율적이다. 4기통으로 이 운전을 계속하는 것보다 2기통으로만 고부하 운전을 하는 편이 좋다.

■ 동작 중
□ 휴지 중

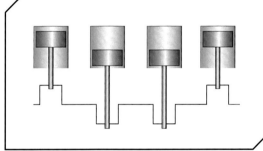

통상적인 기통휴지식 직렬4기통은 그림 같이 동일 위상에 있는 기통을 쌍으로 움직이는 기구가 일반적이다. 이것은 아우디의 4기통 엔진으로, 휴지 중인 기통은 밸브를 정지시킴으로서 손실을 방지한다. 그 때문에 기구가 캠 샤프트에 장착되어 있다. 휴지기통은 밸브가 열려 스로틀이 완전히 열리거나 혹은 밸브가 다 닫히면 펌핑 손실을 방지할 수 있다.

요구토크가 작을 때는 엔진의 일부 기통을 작동 시키지 않는다. 작동하는 기통은 고부하로 계속 작동시켜 펌핑 손실을 줄인다는 것이 기통휴지의 장점이다.

시판 자동차용 4행정 가솔린엔진은 저회전속도 영역에서는 그다지 큰 출력이 나오지 않는다. 공회전 속도에서는 엔진이 흡입한 공기를 연료와 함께 연소시켜도 그 만큼의 일은 대기압 위아래로 균형을 이루어 일량으로 따지면 제로가 된다. 즉 효율적으로는 최소인 것이다. 서서히 회전속도를 높여나갈 때도 스로틀 밸브가 조금밖에 열리지 않은 상태에서는 펌핑 손실이 발생해 효율을 저해한다. 펌핑 손실에 대해서는 「바늘이 없는 주사기로 공기를 빨아들일 때와 같은 저항감」으로 표현되고는 하는데, 지름이 큰 피스톤을 사용해 작은 구멍으로 공기를 흡입하는 상태는 그야말로 비슷하다고 할만하다.

덧붙이자면, 근래의 전자제어 스로틀이 내장된 엔진 차량은, 예를 들면 운전자가 그다지 가속페달을 밟지 않아도 스로틀 밸브를 많이 열어 펌핑 손실을 줄이거나, 흡입한 공기와는 별도로 EGR(배기가스 재순환)을 걸어 실린더 안으로 유입시키고 있다. 전자제어가 주

는 강점이다.

그 다음에 서서히 엔진 회전속도를 높여도 바로는 가장 연료소비율이 적은 고효율 영역으로 들어가지 못한다. 엔진이 발휘하는 출력/토크(즉 일)는 어느 정도 투입한 연료의 양에 비례한다. 흡입공기(혼합기)가 늘어나고 투입하는 연료가 늘어나 그 연소에 의해 발생하는 열량이 늘어나면, 피스톤이 내려가고 상승하는 힘이 증가한다. 그 관계를 위 압력선도에 표시하고 있다. 알기 쉽도록 단순화한 그래프로서, 압축 단에서 혼합기에 점화되었을 때 발생하는 압력은 연료가 적으면 A, 중간 정도이면 B, 연료가 많고 공기가 충분히 들어가 있는 상태라면 C가 된다. 무엇보다 A/B/C 각각에는 실린더 안의 압력이 마이너스가 되는 흡기행정이 반드시 동반되는데, A와 -A의 합계는 B와 -B의 합계보다 작다. 즉 투입된 혼합기 양과 압력은 비례한다는 뜻이다.

4기통에서 100ps(1기통에 25ps)인 가솔린엔진을 장착하고 있는 자동차가, 예를 들면 20ps 밖에 필요하지 않은 상태에서 주행하고 있다고 가정하자. 당연히 각 기통은 효율이 좋지 않은 상태에서 돌고 있는

셈이다. 1기통만 운전시키고 3기통을 쉬게 하면 작업 중인 1기통은 능력한계인 25ps에 가깝게 고부하 영역으로 운전하게 된다. 주행에 필요한 힘이 30ps으로 늘어나면 2기통에서 15ps씩 작업을 시킨다. 50ps가 필요하다면 3기통을 움직인다. 이와 같은 완전분업 체제의 「멀티기통 휴지」가 실현되면 재미있어지는 것이, 일을 하지 않는 기통도 같이 움직임으로서 어떤 진동이 발생할지, 크랭크축 주위의 설계를 어떻게 하면 좋을지는 또 별도의 이야기가 된다는 점이다.

4기통인 경우는 2기통씩 운전하는 것이 진동문제를 피할 수 있다. V6같은 경우는 한 쪽 뱅크를 쉬게 하면 된다. 3기통 운전에서는 배기간섭도 없기 때문에 V6 엔진의 기통휴지에 있어서는 한 쪽 뱅크 전체로 하는 것이 현재는 기본이다. 다만, 쉬는 쪽의 뱅크는 애써 따뜻해진 삼원촉매가 식어버리기 때문에 촉매온도의 저하를 살펴가면서 휴지 뱅크의 좌우를 교대로 작동시킨다는 아이디어도 있다. 또한 쉬게 해놓은 기통을 작업에 복귀시킬 때 발생하는 토크 변동에 대해서는 근래의 직렬4기통 엔진에서도 훌륭하게 제어하고 있다.

5행정 엔진

5행정 째란 무엇인가, 왜 홀수 행정 엔진인가

전 세계에는 현재 상태에 만족하지 않고 더 좋은 것을 모색하는 사람들이 끊임없이 등장한다.
오랜 역사와 경험을 가진 4행정 오토 기관의 개량이 아니라, 그 자체에 의심을 품은 독특한 기관을 살펴보겠다.

본문 : MFi   그림 : 5-행정 엔진/게르하르트 슈미트

실린더 블록

사진에서 보듯이 직렬도 아니고, 굳이 말하자면 협각V형 같은 기통배열을 하고 있다. 양쪽이 고압 실린더이고, 가운데가 저압 실린더이다. 저압 실린더는 내경×행정 모두 고압 실린더에서 보다 수치가 크다.

실린더 헤드

고압 쪽은 흡기1/배기1인 2밸브 구조이다. 저압 쪽에는 4개의 밸브가 있어서 배기유입에 2개, 배기에 2개가 배치되어 있다. 좌우 고압 쪽 실린더로부터의 배기유입이 교대로 이루어지기 때문에 2개의 밸브가 동시에 움직이는 경우는 없다.

고압 쪽 연소실

앞쪽의 커다란 밸브 시트가 흡기 밸브, 안쪽 작은 지름이 배기 밸브. 나사산이 나 있는 구멍 가운데 하나는 점화플러그, 또 하나는 실린더 내의 압력을 감지하기 위한 센서용이다. 압축비는 당연히 고압 쪽이 높다.

제원

Configuration : 협각V형 3기통
고압 쪽 실린더
　내경×행정 : 78×73mm
　배기량 : 350cc×2
　압축비 : 25:1
저압 쪽 실린더
　내경×행정 : 106.9×88mm
　배기량 : 778cc
　압축비 : 7:1
전체적인 팽창비 : 1:14
최대 토크 : 166Nm/5000rpm
최고출력 : 96.94kW/7000rpm
BSFC : 226g/kWh

5행정 엔진

4행정 엔진에서는 그냥 버려졌던 배기가스 에너지를 이용하는 5행정 엔진. 열효율의 대폭적인 향상, 고팽창비 사이클의 실현, 한 층 더 다운사이징에 대한 가능성, 고효율에 소형 크기 때문에 20% 이상의 경량화 실현, 그리고 열효율이 뛰어난 덕분의 낮은 배기가스 온도를 이론적인 장점으로 들고 있다.

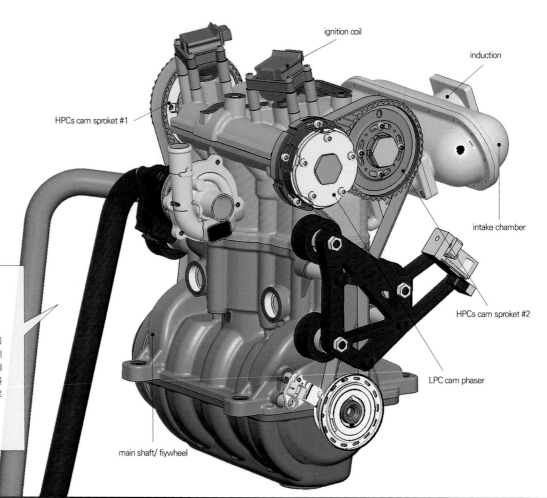

ignition coil

induction

HPCs cam sproket #1

intake chamber

HPCs cam sproket #2

LPC cam phaser

main shaft/ flywheel

1st 행정

흡입

설명을 간단히 하기 위해 좌측의 고압 쪽 실린더로만 구조를 이해하자. 흡기 밸브를 열고, 피스톤의 하강~실린더 내 부압에 의해 혼합기를 흡입한다. 유럽 쪽 기술답게 과급도 시스템 시야에 들어와 있는 것 같다.

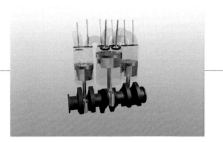

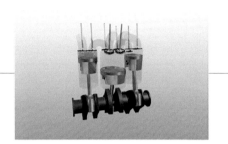

2nd 행정

압축

하사점을 지나 흡기밸브를 닫고, 혼합기를 압축. 통상적인 4행정과 똑같은 행정이다. 흡기밸브 지름이 큰데, 저압 쪽 밸브 지름과 고압 쪽 배기밸브 지름을 똑같이 하기 위해 결과적으로 흡기밸브 지름이 커졌을 것이다.

HPCs가 교대로 LPC를 이용한다

크랭크 핀 배치는 고압 쪽끼리 360도 위상, 고압 쪽/저압 쪽은 180도 위상의 플랫 플레인구조를 하고 있다. 좌우의 고압 쪽 점화간격은 360도이기 때문에, 저압 쪽에는 교대로 배기가스가 유입되어 계속적으로 1사이클을 실행한다.

3rd 행정

동력

고압 쪽 실린더는 통상적인 불꽃점화 기관이기 때문에 상사점 근방에서 착화되어 연소한 다음 팽창행정으로 들어간다. 열효율을 추구하는 기관인 만큼, 고압 쪽 실린더에서는 명칭처럼 노킹 한계까지 공격적인 설계를 하고 있는 것으로 여겨진다.

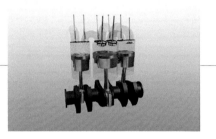

4행정 가솔린엔진은 연소에너지의 태반을 열손실로 낭비한다. 일반적인 재이용 수단으로 사용하는 것이 터보차저이지만, 중간에 장치를 이용하지 않고 직접 배기 에너지를 사용하겠다는 생각으로 개발한 것이 이 5행정 엔진이다. 개발자인 슈미트씨는「출력을 위해서는 저압축으로, 효율을 위해서는 고팽창으로 하고 싶다. 그러나 기존의 오토 사이클에서는 압축=팽창일 수밖에 없지 않은가」하는 과제를 던졌다. 압축 〈 팽창으로는 근래의 밀러 사이클이 유효한 방법이지만, 열손실 회복 측면에서는 부족하다. 이런 요건들을 모두 만족시킬 만한 기관으로 5행정 엔진을 고안한 것이다.

중간에 배치된 저압 쪽 실린더는 팽창과 배기행정만 하기 때문에 압축비가 낮기는 하지만, 마찰은 당연히 증가한다. 또한 저압 쪽을 들여다보면 360도 크랭크의 직렬2기통 구조여서 자동차에 탑재하려면 소음과 진동대책이 필요할 것이다. 한편으로 사양을 보자면, 최대토크는 5000rpm, 최고출력에 이르러서는 7000rpm이나 되는 높은 회전속도에서 얻어지기 때문에 어떤 설계를 하고 있을지 흥미롭기까지 하다. 현재는 2+1기통 구조인 시작(試作)형식으로, 향후에는 흡기포트를 2개로 만들고, 배기 밸브에 스위치 태핏을 이용함으로서 터보의 고효율 이용 그리고 직접분사 등을 앞으로의 과제로 들고 있다. 이런 것들을 감안해 BSFC를 215g/kwh로 하고, 시작(試作)형식에서 더 나아가 20%의 경량화 그리고 리터 당 출력으로 150hp를 계획하고 있다.

4th 행정

배기/확장된 팽창

이 기관의 최대 특징은 4행정 째이다. 고압 쪽 배기밸브를 열어 배기가스를 밀어내는데, 그 행선지는 이웃한 저압 쪽 실린더이다. 배기가스 에너지를 이용해 저압축 피스톤을 밀어내림로서 회전 에너지를 얻는다.

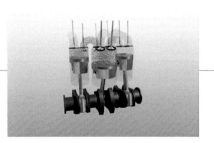

5th 행정

배기

저압 쪽 피스톤이 하사점을 지나면 저압 쪽 배기밸브를 열어, 4행정 쪽에서 회전 에너지로 이용했던 배기가스를 실린더 밖으로 배출한다. 앞서 설명한 대로 행선지는 터빈 휠로서, 1행정 째에 대한 보조로 이용한다.

CHAPTER 3

고효율에 대한 도전

지금의 기술을 어떻게 진화시켜 높은 효율을 얻을 것인가

자동차의 고효율화가 요구되고 있다. 운전자들의 기대도 상당히 크다.
그러나 가격 요건까지 엄격한 작금에 있어서는 무리하게 최첨단을 쫓기만 할 것이 아니라,
현실적인 수단으로 지금의 기술을 연마해 나가지 않으면 안 된다.
여기서는 각 분야에 있어서 열효율을 추구하는 최신 기술들을 소개할까 한다.

회생용 교류발전기

감속할 때 교류발전기에서 발전하는 「에너지 충전」 기능을 위해, 통상적인 경자동차가 60A(암페어) 정도인데 반해 110A 형식을 사용한다. 벨트 감김을 약간 강하게 해 교류발전기가 통상적으로 회전해 여자(勵磁)되면 발전이 된다. 발전한 전력은 6대 1의 비율로 리튬이온 전지 쪽으로 많이 흐른다. 교류발전기에 스타터 기능을 넣으면 제어를 위한 인버터가 필요해 가격도 오르기 때문에 거기까지는 하지 않고 있다.

흡배기 밸브 타이밍 가변

DOHC는 흡기/배기 각각의 밸브 타이밍을 최적으로 제어하기 위한 수단으로, 흡배기 각각에 VVT 유닛을 갖추고 있다. 이로 인해 내부 EGR을 실행하고, 외부 EGR은 도입하지 않는다.

소용량 리튬이온 전지

단독 셀 2.4V(볼트) 형식 5개를 이용해 12V/36Wh를 얻는다. SOC는 약30~80%로 약간 넓은 편이다. 공운전 정지에서의 재시동은 이 전지가 담당하며, 통상적인 시동은 납축전지가 담당한다. 인버터가 필요 없기 때문에 가격도 억제했다.

피스톤 측면 코팅

좌측이 새로운 형식. 기존에는 물결 모양이었지만, 피스톤이 상승할 때 면압이 높아질 뿐만 아니라 유막이 얇아지기 쉬운 중앙부분에 오일이 모일 수 있도록 점과 직선을 사용한 형식을 적용했다. 양단이 올라간 직선부분은 중앙으로 오일을 모아 점 부분에서 오일이 잘 유지되도록 하기 위한 것이다. 피스톤은 상사점과 하사점에서 순간적으로 정지했다가 거기서 다시 움직이기 시작한다. 이때 피스톤은 측압에 의해 실린더 내벽과 마찰한다. 그런 조건까지 감안한 결과의 형태로서, 작지만 효과는 있다고 한다.

스즈키의 경우 | Case of SUZUKI

[소배기량 엔진의 효율향상 방법]

배기량에 제한이 있는 경자동차의 엔진은 3기통 같은 경우 한 기통 당 220cc, 내경은 64mm이다.
유럽 쪽 엔지니어는 「냉각손실이 너무 커 연비를 추구하기에는 맞지 않다」고 말한다.
그러나 일본의 경차 메이커는 과감하게 계속 도전해 다양한 성과를 거두고 있다.

본문 : 마키노 시게오   그림 : 구마가이 도시나오/야마하/마키노 시게오

660cc 3기통. 경량 엔진을 분해해 느끼는 것은 내경이 작다는 점이다. 이런 작은 연소실로 일을 하고 있으며, 더구나 비용도 많이 들지 않는다. 『생활자동차』인 경차는 싼 차량가격이나 낮은 유지비가 생명이다. 엔진성능은 티끌 모아 태산이라는 말처럼 꾸준히 개선해 갈 수밖에 없다. 근래의 경차는 일본의 JC08 모드 연비로 『리터 당 30km 이상』이 드물지 않다. 『모드는 비싸다』고 말하면 안 된다. 그래도 모드인 것이다. 일반 운전자가 연비를 수평적으로 비교(엄밀하게는 중량구분이 바뀌지 않으면 비교는 할 수 없지만)할 수 있는 유일한 기준이고, 또 영업전략 상, 절대로 소홀히 할 수 없다.

그럼 스즈키는 경량 660cc급과 한 등급 높은 4기통 1200cc 엔진을 어떻게 생각하고 있을까. 단순히 연비만을 추구하는 것이 아닌 것은 본지 83호에서 사륜기술본부의 가사이 기미히토 본부장을 인터뷰했을 때 몇 번이고 들은 바 있다. 해서 기타 사항에 대한 스즈키의 방침을 듣고 싶어서, 4가지 질문해 보았다. 이하는 그 회답이다.

[질문 1]
냉각과 점화가 중요한 주제라고 한다.
이 점에 관한 미래상은?

새로운 R06A형 660cc 엔진에서는 냉각계통을 헤드 쪽과 블록 쪽을 공통으로 했습니다. 확실히 냉각계통은 아직도 개선의 여지가 많이 남아 있습니다. 우리들도 헤드와 블록을 별도 회로로 나눠야 할지의 여부를 연구하고 있습니다.

한편, K12B에는 가장 새로운 방식의 냉각계통을 적용했습니다. 「듀얼 제트」라고 하는 서브네임을 붙였습니다만, 생산라인 요건을 엄수해야 할 마이너 체인지이기 때문에 지금은 가능한 범위에서의 개량을 통해 헤드 쪽에 많은 냉각수가 흐르도록 했습니다. 블록 쪽의 주물형상을 약간 변경해 수로 안으로 판을 끼워 넣은 것입니다. 이것만으로도 우리들이 계획했던 냉각수 흐름이 된 것이죠.

당연히 앞으로는 R06A도 냉각계통에 손을 대려고 생각 중입니다. 성능 상, 따뜻해야 할 곳과 차가워야 할 곳이 있습니다. 블록 쪽의 실린더 마찰부분은 오일 온도를 올려 점도를 낮추고 싶기 때문에 따뜻하게 해 주어야 할 곳입니다. 반대로 헤드 쪽은 노킹을 피하기 위해 차갑게 해야 할 곳이죠. 그렇다고 너무 차가워도 안 됩니다. 각각의 부분에 맞는 온도로 맞춰주겠다는 것이 방향입니다. 스즈키는 전방배기 방식으로 엔진을 장착하기 때문에 엔진룸 안의 공기 흐름까지 고려해 가면서 다양한 연구를 하고 있습니다.

그리고 점화계통은, 이전의 K06형 660cc에서 R06A형으로 바뀌었을 때도 에너지는 올리지 않았습니다. 올려서 얻을 수 있는 잠재성은 연구했었죠. R06A를 개발할 당시에는 기존대로 해도 좋다고 판단했습니다만, 지금은 모르겠습니다. 분명 점화도 중요한 주제입니다.

흡배기 밸브계통의 경량화
밸브나 밸브 스프링의 경량화에 의해 밸브계의 무게가 232g 가벼워졌다. 캠 구동 체인의 장력을 약간 낮추고, 캠 체인의 뒷면이나 가이드, 텐셔너의 표면 마무리를 개선해 마찰 손실도 줄였다.

냉각수의 수로설계
엔진 성능이 좋아지면서 냉각이 중요해졌다. 사진에서 실린더 내경과 배기 쪽 수로를 확인할 수 있다. R06A형을 개발했던 2009년 무렵에는 현재 같이 세밀한 냉각계통 설계가 요구되지 않았기 때문에 K06과 비견할 만큼 대규모 변화는 아니지만, 2013년에 등장한 듀얼 제트에서는 여기에 손을 댔다. 최근 2~3년 동안의 엔진 설계기술 진보가 얼마나 눈부신지 엿볼 수 있다.

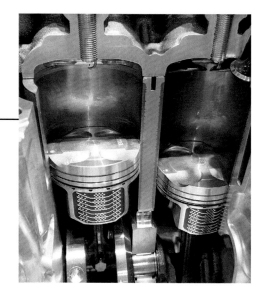

실린더 라이너
내경 정밀도를 향상시키기 위해 K06형의 세미 웨트 라이너를 사용하지 않고 드라이 라이너로 변경했다. 블록과 라이너의 접합면을 왼쪽 사진에서도 확인할 수 있다. 더미 헤드 방식의 호닝으로 변경한 것과 어우러져 내경의 진원도가 향상된 결과, 피스톤 링의 합계 장력이 0.2N/mm, 25%의 저감을 가져왔다. 톱/오일 링은 CrN 도금하였다.

R06A의 터보 사양

MSEYA

엔진 전체의 무게 컨트롤
우측 그래프는 이전의 K06형과 새로운 R06A형을 무과급 사양으로 비교한 것으로서, 엔진 전체중량에서 1577g의 경량화에 성공했다. 크랭크의 축을 얇게 한 것이나 카운터 웨이트를 가볍게 해 1kg 넘게 경량화함으로써, 실린더 헤드의 중량 증가(VVT 장착)을 보완했다. R06A 과급 사양(우측 사진)은 더 경량화가 진행되어 이전 형식 대비 4557g이 가벼워졌다.

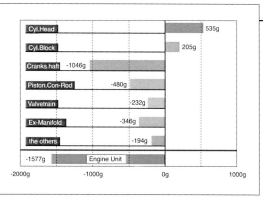

Cyl.Head		535g
Cyl.Block		205g
Cranks haft	-1046g	
Piston,Con-Rod	-480g	
Valvetrain	-232g	
Ex-Manifold	-346g	
the others	-194g	
-1577g	Engine Unit	

-2000g   -1000g   0g   1000g

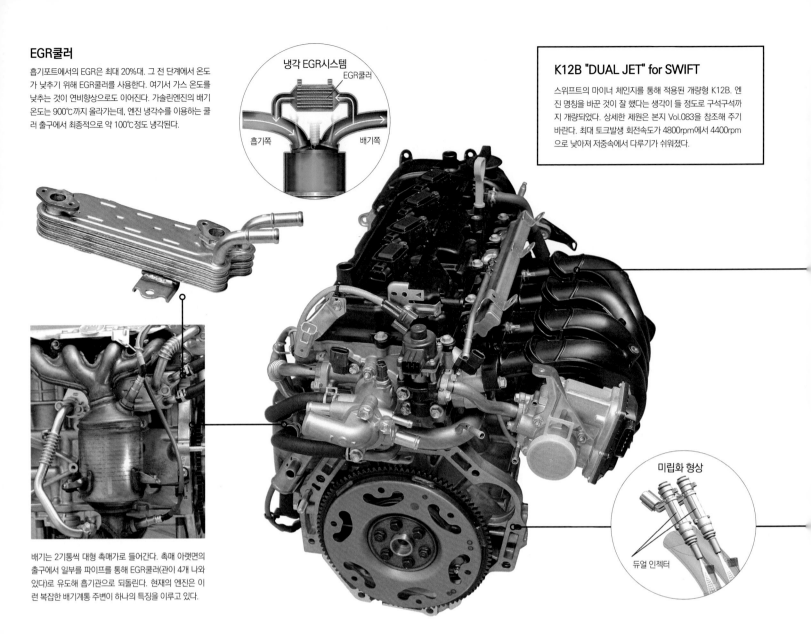

EGR쿨러

흡기포트에서의 EGR은 최대 20%대. 그 전 단계에서 온도가 낮추기 위해 EGR쿨러를 사용한다. 여기서 가스 온도를 낮추는 것이 연비향상으로도 이어진다. 가솔린엔진의 배기온도는 900℃까지 올라가는데, 엔진 냉각수를 이용한 쿨러 출구에서 최종적으로 약 100℃정도 냉각된다.

냉각 EGR시스템
EGR쿨러
흡기쪽
배기쪽

K12B "DUAL JET" for SWIFT

스위프트의 마이너 체인지를 통해 적용된 개량형 K12B. 엔진 명칭을 바꾼 것이 잘 했다는 생각이 들 정도로 구석구석까지 개량되었다. 상세한 제원은 본지 Vol.083을 참조해 주기 바란다. 최대 토크발생 회전속도가 4800rpm에서 4400rpm으로 낮아져 저중속에서 다루기가 쉬워졌다.

미립화 형상
듀얼 인젝터

배기는 2기통씩 대형 촉매가로 들어간다. 촉매 아랫면의 출구에서 일부를 파이프를 통해 EGR쿨러(관이 4개 나와 있다)로 유도해 흡기관으로 되돌린다. 현재의 엔진은 이런 복잡한 배기계통 주변이 하나의 특징을 이루고 있다.

[질문 2]

**흡배기 VVT는 과감한 적용이다.
어쨌든 경자동차도 듀얼 제트인가?**

우리들이 목표로 한 성능을 실현하기 위해 흡배기 VVT는 필수였습니다. 펌핑 손실 저감이 목적이지만, 동시에 토크를 향상시키는 수단으로도 선택했습니다. 작동각도는 흡기/배기 모두 크랭크각 55도, 실용 작동각도는 약 30도입니다. 결코 외부 EGR를 부정할 생각은 아니지만, 사용방법에 따라서는구동능력을 악화시킵니다. 물론 어떻게 외부 EGR을 이용할지에 대한 연구는 하고 있습니다만, R06A를 개발하는 시점에서는 내부 EGR을 선택했습니다. 부품자체는 경자동차 엔진 단가 차원에서 보면 고가이지만, VVT가 정답이었다고 생각합니다.

듀얼 인젝터는 앞으로도 다양한 사용법이 가능합니

다. 시간차 분사라든가, 한 쪽의 작동을 멈추게 한다든가, 연료분사 방법은 넓습니다. 사실은 다른 사내 프로젝트에서 진행했던 연구를 통해, R06A에서의 해석결과를 조합해 K12B에 먼저 적용하기로 했던 것입니다. 포트내 분인데, 점화 플러그 근방에 가능한 연료를 모으면서도 혼합기로서는 균질한 방향을 노리고 있습니다.

그렇습니다(웃음), 경자동차 엔진에 듀얼 제트를 적용하는 것도 부정할 수는 없습니다. 연비와 구동능력 요구를 만족시킨다면 채용할 것입니다. K12B에서는 비용이 들더라도 사용할 가치가 충분히 있었던 것이죠.

[질문 3]

**연비와 구동능력 중
어느 쪽이 우선되어야 하는가?**

양립하면 당연히 좋은 자동차가 됩니다. 연비만 겨냥해서는 주행이 어렵죠. 이것은 명백한 사실입니다. 엔진 쪽의 형편을 우선해 운전자의 토크 요구를 무시하면 좋은 결과를 내지 못합니다. 결코 모드 연비추구에 진이 빠졌다는 뜻이 아닙니다. 자동차가 재미없어지는 것을 피하고자 하는 것입니다. 운전을 하고 있는 동안은 「자동차가 생각한대로 반응해 즐겁다」고 느끼도록 완성하고 싶은 겁니다. 그런 것이 없어지면 전차나 버스를 타고 있는 것과 똑같은 것이죠.

우선은 엔진 토크를 높이고, 연비효율이 좋은 영역을 넓히는 것입니다. 그리고 운전자의 가속페달 조작에 정확하게 반응하는 제어를 집어넣는 것이죠. 가속뿐만 아니라 감속할 때도 마찬가지입니다. 이때 CVT의 추종성을 무시할 수 없습니다. 엔진과 CVT가 협조해 서로 좋은 부분을 찾는다는 점에서 엔진은 이전보다 겸허해졌습니다. 기존에는 여하튼 엔진이 주체였지만, 변속기와의 협조제어가 가능해지면서 엔진의 세계는 바뀌었습니다. 하지만 우선은 엔진을 제대

피스톤 헤드 면

우측이 듀얼 제트용이다. 텀블(Tumble: 실린더 내의 세로 와류) 생성에 유리한 형상으로 바꾼 동시에 실린더 헤드 쪽 설계도 다시 손보았다. 밸브 리세스는 작아졌다. 약간 구면 을 그리는 것처럼 파인 홈이 요즘 엔진에서는 유행이다. 또 한 사이드 스커트 폭이 좁아진 점도 눈여겨 볼 대목이다. 가 공 정밀도가 향상되지 않으면 불가능한 설계이다.

새로워진 연소실 형상

연소실을 형성하는 실린더 헤드 쪽. 구멍 지름이 큰 쪽이 흡기 밸브이다. 연 료 인젝터 위치가 연소실 쪽으로 가까워짐으로서 밸브 헤드에 연료가 닿 은 비율이 줄어들었다. 상승하는 피스톤의 헤드 면이 실린더 내에서 텀블 (Tumble) 와류 발생을 도와 연소를 촉진시킨다.

연료 인젝터

연료 분사압력은 종래와 마찬가지로 380kPa이지만, 2 개를 장착함으로서 연료 무화의 최적화와 직입률(直入 率) 향상을 겨냥했다. 연소 1회 당 분사를 반반으로 나 누는 것이 아니라, 좌우의 분사량이 다른 것이다. 분사 량과 분사 시기는 앞으로 다양한 전개가 가능하다. 직접 분사로 할 것인지 포트 분사로 할 것인지에 대한 의논은 물론 스즈키 사내에도 있지만, 포트 분사의 이점도 버리 기가 쉽지 않다.

본지의 질문에 성심껏 답변해준 스탭들. 사진 왼쪽부터 4륜엔진 제2설계부 제4과의 노구치 기와무 계장. 4륜엔진 제1설계부 니와 히로유키 부장, 4륜엔진 제1설계부 제1과 다나카 류지 과장. 현재 도 차세대 엔진을 위한 연구와 실험에 몰두하고 있다. 하루하루의 축적이 바로 승부라고 한다.

로 만드는 것이 중요합니다. 어설픈 엔진을 「CVT로 어떻게 하라」는 것이 아니죠.

CVT는 고회전속도 쪽을 다루기 힘들기 때문에, 엔 진의 연비효율이 높아지는 「중심」 부분은 저회전속 도 쪽에 치우쳐 있습니다. 다만, CVT의 형편 상 연비 쪽으로 너무 치우치면 구동능력이 악화됩니다. 어쨌 든 연비요구를 만족시킬만한 제어도 연구하고, 실험 했습니다. 그 결과, 시판차에 그런 일은 하지 않는 것 이 좋다는 결론이 내려진 것입니다. JC08모드에서의 목표 말입니까? 아직 한계라고는 생각하지 않지만, 구동능력을 희생시키고 싶지는 않습니다.

[질문 4]

기계손실과 어떻게 싸워왔는가?
앞으로는 어떤 방법이 있는가?

공작 정밀도라는 점에서는, 실린더 마찰면을 호닝 할 때는 더미 헤드를 장착하고 한다든가, 공정 내에 서 허락되는 것을 최대한으로 하고 있습니다. 비용적 인 차원이 아니라 개선할 수 있는 부분이기도 하니까 요. R06A의 시작단계에서는 측압에 의한 피스톤 이 상으로 이상한 소음이 나기도 했습니다. 자세히 조사 해보니 피스톤이였습니다. 실린더가 진원인지 아닌지 에 관한 문제이기 때문에 조립할 때 더미 헤드를 사용 하는 것으로도 대응했습니다. 크랭크 축과 실린더의 옵셋은 R06A에서 적용했습니다. 옵셋 양을 결정하는 단계를 다양하게 연구한 결과, 측압 저감에 도움이 되 었죠.

기계설계 면에서는, 예를 들면 피스톤 링의 장력입 니다. 가벼운 R06은 경쟁회사에 비해 가장 약한 장력 을 갖고 있지만, 블로우 바이와 오일 소비는 문제가 없 는 수준입니다. 피스톤 스커트 면의 코팅도 효과는 작 지만 아직 「가공 여유」가 있습니다. 코팅 패턴에 따라 유막이 형성되는 상태와 유막 두께가 미묘하게 변합

니다. 최근 엔진에서는 각 부분의 설계를 공격적으로 하고 있기 때문에, 실험을 해보면 확실하게 연구한 결 과가 성능차이로 나타납니다. 계측기술의 진보로 미 세한 차이까지 알 수 있게 된 것이라고 말할 수도 있 지만, 엔진은 설계 연구에 대해 매우 민감해졌습니다. 할 만한 가치가 있는 것이죠.

「스쿠데리(Scuderi) 엔진」

왜 스플릿사이클(Split cycle)하는가?

2011년 도쿄 모터쇼에 조용히 전시되어 있던, 막 절삭가공된 듯한 시작(試作: Proto-type) 엔진.
이 엔진이 바로 기술적으로 어렵다고 여겨졌던 스플릿 사이클(Split Cycle)을 실현한 스쿠데리(Scuderi) 엔진 실물이었다.

본문 : MFi   그림 : 스미요시 미치히토/스쿠데리 그룹

2기통 구조의 시작(時作) 엔진

2011년 도쿄 모터쇼에 돌연 나타난 스쿠데리 엔진의 시제품 그때까지는 화면상으로밖에 볼 수 없었던 시스템(내부구조)이었던 만큼, 외각을 입힌 다음 스쿠데리 그룹에 놓여있지 않으면, 이것이 스플릿 사이클이라고 알아볼 사람도 적었을 것이다. 직렬2기통 구조로서, 물론 두 개의 실린더를 양쪽이 이용해 한 사이클을 실현한다. 즉, 통상적인 사이클로 말하자면 단기통 엔진과 같다.

실린더와 헤드

좌/우 실린더를 정면에서 본 모습. 좌측은 초기 2행정(흡입/압축), 우측이 후기 2행정(팽창/배기)를 담당이다. 점화 플러그는 우측 팽창 실린더에 설치되어 있으며, 좌/우 실린더를 연결하는 통로는 오렌지색으로 표시되어 있다.

밸런스 샤프트

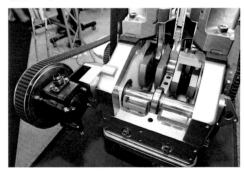

이 시작 엔진은 밸런스 샤프트를 갖추고 있다. 크랭크 핀 배치는 약간 특수하게 보인다. 에너지 효율을 높이기 위해 후기행정을 전기행정보다 늘리고 있을 것이기 때문에 그것까지 포함한 대응책일 것이다.

연료분사 시스템

후기 쪽(팽창) 실린더 헤드의 커트 부분. 사진에서 보듯이 인젝터는 압축공기가 실린더 내로 유입되는 바로 전방에 설치된다. 밸브 배치구조는 디젤처럼 직립해 있어서 스프링이나 시트가 보이지 않는데, 시작 엔진인 때문일까?

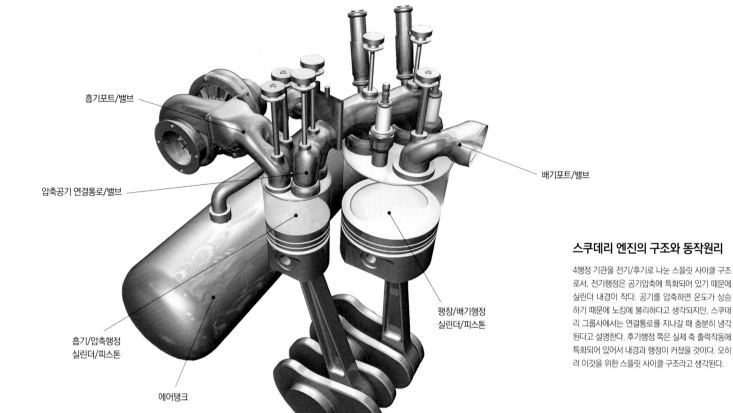

흡기포트/밸브

압축공기 연결통로/밸브

흡기/압축행정
실린더/피스톤

에어탱크

배기포트/밸브

팽창/배기행정
실린더/피스톤

스쿠데리 엔진의 구조와 동작원리

4행정 기관을 전기/후기로 나눈 스플릿 사이클 구조
로서, 전기행정은 공기압축에 특화되어 있기 때문에
실린더 내경이 작다. 공기를 압축하면 온도가 상승
하기 때문에 노킹에 불리하다고 생각되지만, 스쿠데
리 그룹사에서는 연결통로를 지나갈 때 충분히 냉각
된다고 설명한다. 후기행정 쪽은 실제 축 출력작동에
특화되어 있어서 내경과 행정이 커졌을 것이다. 오히
려 이것을 위한 스플릿 사이클 구조라고 생각된다.

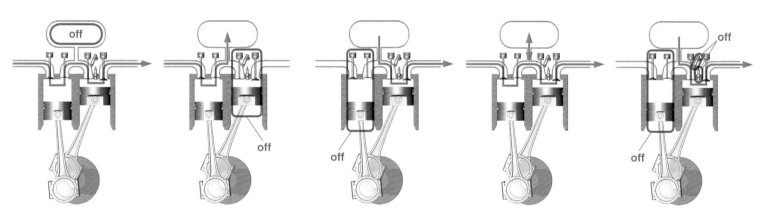

통상적인 착화 모드

4행정/사이클을 두 개의 실린더로 나눈 모드. 전기행정에서 만들어진 압축공기는 연결통로를 통해 직접 후기행정 실린더로 유입된다. 유속이 빠르기 때문에 혼합기 생성은 통상적인 사이클보다 순조롭다고 한다.

공기 압축기 모드

감속할 때 등과 같이 적극적인 구동력이 필요하지 않을 때는, 후기행정의 밸브 트레인을 정지하고 전기행정에서 생긴 압축공기를 에어탱크에 일시적으로 저장한다. 흔히 말하는 에너지 회생 시스템의 일종이다.

공기 팽창 & 착화 모드

에어탱크 압력이 충분할 경우에는 전기행정의 밸브 트레인의 작동을 정지하고, 에어탱크에서 직접 후기행정 실린더로 압축공기를 보낸다. 전기행정의 펌프 손실을 회복할 수 있다는 점도 장점 중 하나이다.

점화 & 충전 모드

앞서 소개한 통상적인 착화 모드와 더불어, 압축공기 일부를 에어탱크에 충전하는 모드. 경부하 영역을 운전할 때 이용할 것이다. 에어탱크 압력이 충분해지면 앞서의 공기 팽창 & 착화 모드로 전환된다고 한다.

공기 팽창 모드

매우 특이한 모드. 압축공기의 압력만으로 후기행정 실린더를 작동시킨다. 즉, 점화도 하지 않고 연료도 분사하지 않는다. 얼마나 달릴 수 있느냐는 에어탱크의 용량과 토출압에 달려있지만, 재미있는 착안이다.

불꽃 점화기관을 효율적으로 운전하기 위해서는 좋은 압축/점화/혼합기가 필요하다고 알려져 있다. 위급한 과제로 떠오른 환경문제에 있어서는 좋은 연소가 필수로 지적되고 있는데, 그러기 위해 기술자나 연구자들은 좋은 혼합기를 만들기 위해 온갖 노력을 다하고 있다. 여기서 소개할 스쿠데리 엔진은 4행정 엔진의 흡입/압축과 팽창/배기행정을 두 개의 실린더로 분배해 작동시키는 구조이다. 통상적이라면 혼합기를 흡입해 압축하는 식의 과정을 거치는 4행정에 반해, 고속으로 유입

하는 압축공기를 팽창/배기행정 실린더로 보냄으로서 더 양질의 혼합기를 얻을 뿐만 아니라 화염전파속도도 향상시켰다. 닛산 센트럴을 벤치마킹하여 각종 시뮬레이션을 실행한 결과, 최대 35%의 연료저감 데이터를 얻을 수 있었다고 한다(스쿠데리 엔진을 밀러 사이클 운전, 에어하이브리드를 병용했을 때).

그림으로 설명한 것이 5가지 운전모드이다. 구조는 두 개의 실린더/에어탱크이지만, 내용은 엔진과 모터/배터리와 비슷하다는 것을 알 수 있을 것이다. 큰

추가 비용 없이 익숙하게 사용한 엔진/고압 탱크 같은 장치로 동등한 효과를 얻는다. 공기를 이용한다고 하면 엉뚱한 이야기처럼 생각되지만, 독일 보쉬가 유압을 이용하는 하이브리드 시스템을 들고 나왔다. 지금까지 황당무계하다고 여겨졌던 시스템이 앞으로는 당연하게 여겨질지도 모른다. 가능성으로 보면 불가능한 얘기는 아니다.

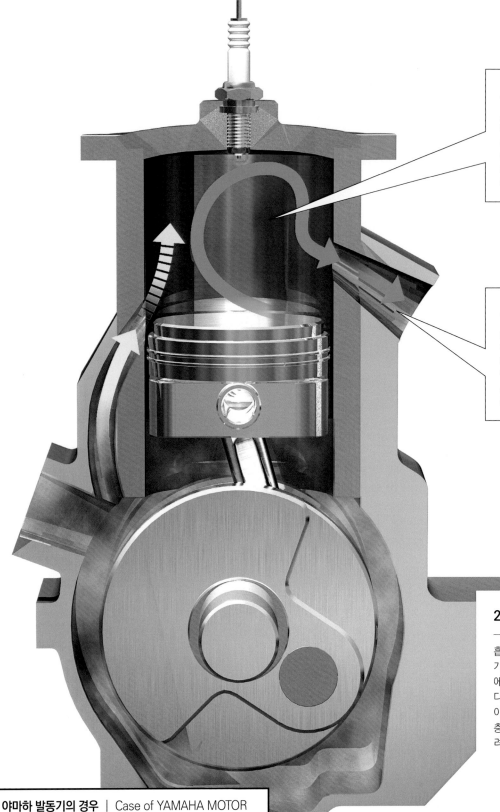

크랭크축 360도 회전에 1 사이클을 완성

크랭크실로 통하는 흡기포트로부터 혼합기를 받아들이는 2행정 엔진 경우, 혼합기는 크랭크실에서 먼저 압축(1차압축)되고 난 다음에 실린더로 들어가고, 배기포트가 닫히는 위치까지 피스톤이 올라가고 나서야 다시 압축(2차압축)되고 이어서 연소한다. 크랭크축 1회전에 대해 연소 1회이기 때문에, 똑같은 실린더 용적의 4행정기관에 비해 이론상으로 2배 가까운 출력을 얻을 수 있다.

새로운 공기가 빠져나가는 이유

피스톤이 하강해 배기가 이루어지고 있을 때, 동시에 소기가 진행된다. 4행정 엔진으로 말하면 배기 밸브와 흡기 밸브가 동시에 열려 있는 상태이다. 연소 전의 혼합기가 유출될 가능성과 연소 후 남은 연소가스가 실린더 안에 남겨질 가능성이 둘 다 있다. 배기와 소기 포트의 위치, 개수 및 방향이 설계의 핵심으로서, 목표로 하는 성능에 따라 이 부분이 수정된다.

2행정 엔진의 과제

흡기와 배기가 동시에 진행되기 때문에, 설계한대로 연소가 이루어질지 어떨지는 연소잔류 가스의 비율 등, 「상황에 따라」 다르다. 또한 혼합기가 그대로 외부로 유출되면 다량의 HC(탄화수소)가 배출된다. 이 「미연소」와 「누출」이 2행정 엔진의 결점이다. 근래에는 실린더 내 직접분사, 층상(層狀)연소, 배기밸브 등을 적용해 이 결점을 극복하려는 예도 있다.

야마하 발동기의 경우 | Case of YAMAHA MOTOR

[2행정 엔진의 가능성]

19세기 중반에 탄생한 2행정 방식은 19세기 동안에 몇 가지 파생 제품이 생겨났다.
근래에는 실린더 내 직접분사 기술의 진보 덕분에 1980년대 후반에
자동차용 2행정 엔진의 개발이 활발해졌다. 하지만...

본문 : 마키노 시게오   그림 : 구마가이 도시나오/야마하/마키노 시게오

2행정 엔진은 구조가 단순해서 무게가 가볍고, 보수 점검·수리하기가 쉽다는 장점이 있다. 그래서 모터사이클 세계에서는 오랫동안 주역으로 군림해 왔으며, 현재도 신흥국 시장에서는 상당한 수요가 존재한다. 또한 체인톱이나 소형 농업기계 등과 같이 「가벼움」이 필수인 기기에서는 지금도 주역이다. 그러나 자동차 세계에서는 특히 배기가스 규제가 엄격한 지역에서 사용하는 자동차에서는 2행정 엔진을 사용하는 경우가 거의 없다. 가솔린이나 디젤 모두 주역은 4행정 엔진이다.

왜 2행정 엔진은 존재가 희미해져 갔을까. 야마하 발동기에서 2행정 엔진을 담당하고 있는 엔지니어 두 사람에게 물어보았다.

「2행정 엔진의 최대 결점은 혼합기의 『누출』과 『미

가 작기 때문에 실린더 내로 유입되는 외기가 적고, 충전되는 가스 중에 잔류가스의 양이 증가한다. 즉, 얼마나 남느냐는 운전 상태에 따라 변한다. 대부분의 2행정 엔진은 기화기 방식이고, 연료를 「연소하고 싶은 만큼 흡입하기」 때문에 원래부터 엄밀한 공연비 제어가 안 된다. 거기에 불특정한 양의 연소완료 가스가 남는다. 많을 때가 있는가하면 적을 때도 있다. 그렇기 때문에 연소가 안정적이지 않은 것이다.

실린더 내로 직접분사하면 이 부분은 상당히 해소되지 않을까? 실제로 야마하 발동기는 실린더 안으로 직접분사하는 2행정 엔진 방식의 선박용 엔진을 갖고 있다.

「말씀 그대로입니다. 자동차의 직접분사 가솔린엔진과 똑같이 정밀한 연료 제어도 가능하다고 생각합니

「분명 전에는 불가능하다고 여겨졌던 것들이 많이 해결되고 있습니다」

야마하 발동기 두 엔지니어들로부터는 동의를 얻을 수 있었는데, 우리들은 중요한 점을 잊고 있었다. 현재 2행정 엔진을 연구하겠다는 의지가 기업 쪽에 없다는 것이다. 대충 30년 전의 이미지로만 생각하고는, 「그래서는 아직 멀었지」하고 꺼려하는 2행정 엔진의 결점을, 최신 소재와 가공, 전자제어 기술을 적용해 풀어본다면 상당 부분이 해소되지 않을까.

무엇보다 엔진만 개발했다고 해도 자동차에 장착하지 않고서는 의미가 없다. 예를 들면, 레인지 익스텐더 EV(전기자동차)용의 발전기 구동용으로 2행정 엔진을 사용하는 것은 어떨까. 소배기량 2행정 엔진으로 발전하고 전력을 전지에 충전한다. 회전할 때마다 연

모터크로서 YZ

소~중 배기량인 모터사이클에 있어서, 출력 경쟁에서는 한 때 4행정 엔진을 제압하는 2행정 바이크도 근래의 배기규제에 대한 대응이 곤란해지면서 2013년 시점에서는 경기용 바이크 등에만 남아 있는 상황이었다. 오프로드 경기 바이크에서는 2행정 125cc에 상당하는 것이 4행정 250cc, 2행정 250cc에 대해서는 4행정 450cc가 대체된다. 이 정도로 출력과 토크가 다르다.

➡ Air ➡ Fuel (Gasoline)

선외기 Z300과 HPDI

혼합기를 직접 실린더 안으로 분사하는 HPDI(Hi-Pressure Direct Injection)를 적용한 V형 6기통 2행정 가솔린 선외기는 2003년에 시장에 투입되었다. 최대출력 220kW에 운전은 4500~5500rpm 범위에서 이루어진다. 자동차 엔진에 비해 부하변동이 적은 선외기에서는 일정 영역에서 균일혼합연소를 얻으면 된다. 압축비는 6.2:1이다.

연소』입니다. 과거 다양한 연구를 해왔지만, 이 두 가지 결점만 극복할 수 있다면 2행정 엔진도 살아남을 수 있으리라 생각합니다」

누출은 매회전 연소라는 2행정 엔진 최대의 특징에 기인한다. 피스톤이 하강해 배기포트와 흡기포트의 개구부를 통과하면 배기와 흡기가 오버랩한다. 그 때문에 외기 일부가 미연소된 연료를 갖은 상태로 배기포트를 통해 방출된다. 미연소이기 때문에 연료의 성분인 HC(탄화수소)가 다량으로 배출되는 것이다.

미연소도 2행정 엔진의 태생적인 결점이다. 연소 후에 피스톤이 하강할 때 잔류가스의 배출을 촉진시키기 위해 강력한 소기류(掃氣流, 세로로 도는 와류)를 이용하는데, 특히 저부하 영역에서는 스로틀 개도

다. 배기포트에 셔터 밸브를 두어 『누출』을 줄이는 동시에 연료를 제어하면 결점이 상당히 극복될 것입니다. 추가적으로, 4행정 엔진에 비해 오일 소비가 많은 점과 시동 직후의 『배기연기』를 해결할 필요가 있습니다…」

오일 소비가 어느 정도인지를 물었더니 「가솔린에 비해 100대 1 이하가 될 수도 있습니다」라는 대답이었다. 고분자 화학의 진보는 눈이 부실 정도이고, 지금의 CVT는 오일성능에 힘을 받고 있는 정도이기 때문에, 2행정 엔진 전용으로 진화된 오일도 등장할 수 있지 않을까 생각해 본다. 그리고 전에 도요타가 개발했던, 흡배기 밸브를 가진 2행정 엔진도 가능할 것이다.

소가 되기 때문에 엔진 회전속도는 4행정 엔진의 반으로 낮출수있어 기계손실 측면에서도 유리하다.

「가능성은 있습니다. 사실 직접분사 2행정 엔진이 정상적으로 운전되면, 잔류가스의 온도에 따라서는 HCCI(Homogeneous Charge Compression Ignition) 같은 자가 착화운전이 가능합니다」

이에 대해 더 물었더니, 야마하 발동기에서는 성층연소 연구도 계속해 왔다고 한다. 예전에 일본에서 자동차용 2행정 엔진의 개발이 왕성했던 것은 오스트레일리아의 오비탈 사가 직접분사 성층연소 시스템을 개발한 것이 계기였다. 그런데 성층연소는 자동차 세계에서는 다루길 꺼려한다.

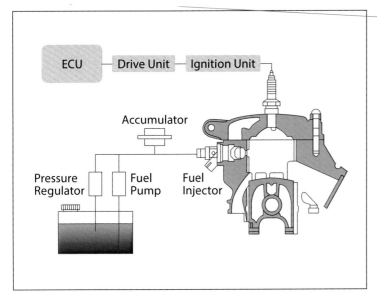

직접분사 효과는 상당히 컸다

분사특성을 가변화한 실린더 내경 86mm의 430cc 단기통 2행정 직접분사 엔진으로 야마하 발동기는 다양하게 검증했다. 그 결과 연료 인젝터를 흡기포트 쪽에 배치하고 배기포트 방향의 피스톤 윗면에 분사했을 때 HC배출이 가장 적고, 연비가 향상된다는 것을 알았다. 즉, 소기류가 배기포트 반대쪽으로 흐르기 때문에 여기로 분사연료를 부딪치게 함으로서 흐름에 편승시켰더니 피스톤 열을 이용한 연료의 기화가 유효했다.

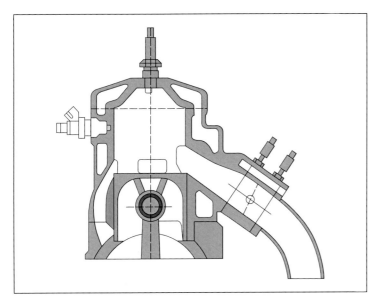

시작(時作) 단기통 430cc 2행정 엔진

2행정 엔진의 결점인 「누출」과 「미연소」를 어떻게 개선할 것인가. 이 엔진을 이용한 직접분사(혼합기 분사) 효과의 검증은 성공했다. 배기밸브를 장착하면 효과는 더 커진다. 그러나 현재의 직접분사 2행정 엔진은 선외기에서만 실용화되어 있을 뿐이다. 오일소비와 악취 문제도 오일 메이커와 같이 협력하면 큰 성과를 얻을 수 있을 것으로 생각되지만, 과연 협력이 될지는 불분명하다.

배기밸브에 의한 연소개선효과의 검증

상단 그림은 엔진의 배기포트에 버터플라이 밸브를 장착한 예. HC배출이 약 20% 이상 감소하고 연소변동은 반감했다고 한다. 공연비가 안정되는 영역이 크게 넓어졌다. 「누출」 컨트롤의 성과인 것이다. 캠 구동 밸브만큼 기구가 복잡하지 않고, 분사압력 600kPa 부근에서의 배기가스 및 연비는 흡기관 분사에 대해 각각 약 70%, 약 30%가 감소되었다. 다만 비용이 상승하는 난점이 있다.

「외기와 연소가 끝난 가스의 경계에서 NOx(질소산화물)가 발생합니다. 원래 잔류 혼합기가 많이 모여 있는 곳에서 연소시키기에는 성층연소가 좋은데, 2행정 엔진에서는 실린더 내의 혼합기를 정밀하게 제어하지 못했습니다. 이론공연비에서의 연소가 아니기 때문에 NOx를 삼원촉매로 환원하는 것도 안 됐고…」

현재라면 NOx 후처리 장치가 있다. 당연히 비용은 들지만, 어쨌든 비용을 감수하더라도 한 번이라도 엔진을 만들지 않고서야 시작도 안 된다. 완성형이 분명히 나오면, 제품화하는데 따른 비용 절감은 일본이 자랑하는 바가 아니겠는가. 오랫동안 2행정 엔진에 관여해온 전문가의 이야기를 듣고 있다가 그런 생각이 점점 강해졌다.

「그런 의미에서 지금 가장 새로운 형태의 2행정 엔진은 V6 선외기입니다. 분명 개인적으로는 자동차에도 사용할 수 있는 기술이 있다고 생각합니다」

지금 2행정 엔진을 필요로 하는 신흥국에서는 옛날 그대로의 2행정 엔진의 장점이 환영받는다. 비싸고 복잡해지면 수요가 사라질 위험성도 있다. 그러나 신흥국 시장에서 한 발 벗어나 2행정 엔진을 생각할 때는 직접분사에 피드백 제어라든가, 성층연소와 NOx 후처리 같은 예전에는 존재하지 않았던 기술이 주변에 많이 있다. 2행정 엔진을 닮은 소형 로터리 엔진을 리터 카 정도의 레인지 익스텐더 EV에 장착하려는 중국 자동차 메이커가 있다는 것을, 일본 자동차 메이커는 인식하지 않으면 안 된다.

야마모토 유

야마하 발동기 주식회사
MC사업본부
기술총괄부장 주관

우와무라 마사키

야마하 발동기 주식회사
기술본부 MS개발부
YZ그룹 주사

「세라믹 엔진은 왜 사라졌나?」

꿈으로 끝나 버린 「꿈의 엔진」

지난 1980년대에는 소재로서 파인세라믹스가 유행했다. 자동차 엔진에도 세라믹스를 사용하려는 기운이 넘쳐,
특히 일본에서 관련된 연구가 진행되었다. 실용화되지 않은 상태로 어느 순간엔가 연구무대에서 사라졌다.

본문 : 마키노 시게오   사진 : 스미요시 미치히토/마키노 시게오

남아도는 열을 이용하다

85년 도쿄 모터쇼에 이스즈가 참고 출품한 1.8ℓ 직렬4기통 세라믹 디젤엔진. 흡기를 압축하는 터보차저 하류에 배기 터빈을 또 배치한 다음, 이것을 배기열로 작동시켜 동일 축 상의 발전기를 회전시키는 터보 혼합 엔진이었다.

지금 세라믹스 소재의 제품이라면...

이것은 세라믹스 계통의 DPF(Diesel Particulate Filter). 이 외에도 세라믹스는 점화플러그나 센서 종류에 이용되고 있지만, 엔진 연소실 내부에는 세라믹스 소재의 부품을 사용하지 않고 있다.

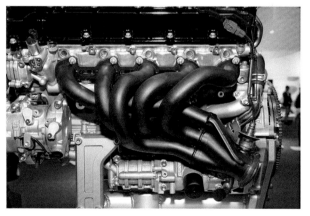

렉서스 LFA

도요타의 1LR 엔진은 배기관을 검은 세라믹스 계통으로 코팅해 적극적으로 배기열을 방출시키고 있다. 배기관 주변을 슈라우드(shroud)로 덮고, 따뜻해진 공기는 보디 아랫면의 기류를 사용해 밖으로 끌어낸다.

따뜻해진 커피 컵

도자기는 한 번 따뜻해지면 잘 식지 않는다. 그래서 식기용으로 많이 사용한다. 하지만 점점 열이 가해지면 손으로 잡지 못하게 된다. 단열·차열(遮熱)과 세라믹스의 관계는 우리 주변에서도 실감할 수 있다.

전차(戰車) 등과 같은 AFV(장갑전투차량)에는 라디에이터와 냉각수가 필요 없는, 소형 엔진을 장착한다. 단열(Adiabatic) 엔진 구상이 미국 육군에서 거론된 것은 80년대였다. 단열이란, 고온의 연소실 내벽으로부터 작동가스가 열을 전달 받지 않고, 작동가스로부터도 연소실 내벽으로 열을 전달하지 않는 것을 말한다. 작동가스란, 미연소상태라면 혼합기를 말하고, 연소 후라면 연소가 끝난 가스를 말하는데, 열을 주고받는 것이 제로인 것은 사실 불가능하다. 이에 반해 차열(Low Heat Rejection)은, 1 사이클 내에서 작동가스가 연소실 내벽에 전달한 열량과, 반대로 작동가스가 연소실 내벽으로부터 받은 열량이 똑같은 것을 가리킨다. 다만, 양쪽 모두 냉각수에 열을 주지 않는다(차감 제로도 포함)는 점은 똑같다. 세라믹엔진을 제창한 로이 카모씨의 회사가 단열엔진 회사였기 때문에 당초에는 「단열(斷熱)」이라는 표현이 사용되었다.

단열은 성립한다. 디젤에서 600℃ 정도의 내벽표면 온도 같은 경우는, 주는 열량과 받는 열량이 균형을 이룬다는 실험결과가 있다. 이런 온도에서는 알루미늄은 사용할 수 없지만, 세라믹스라면 녹지 않는다. 실린더 라이너나 연소실 헤드 안쪽을 세라믹스로 만들면 좋다는 주장이 있다. 하지만 점점 따뜻해진 엔진은 엄청한 열로 주변을 뜨겁게 한다. 이 열을 터보에 사용해도 아직 여유가 있다. 그래서 터보 콤파운드 방식을 실험하기도 했지만, 제품화에는 이르지 못했다. 그렇지만 일본의 세라믹 소재 엔진부품은 실리콘 나이트라이드(Nitride) 결정을 태워서 굳힌 다음 정밀기계 가공으로 제조되어, 미국의 지르코니아(PSZ) 제품에 비해 구조재로서의 강도에서는 우위에 있었다. 원조인 미국보다도 성과를 올린 것도 일본에서의 연구이다. 현재 최첨단 내연기관 연구에서 세라믹스 같은 온도 스윙(swing) 특성을 가진 실린더 내벽 코팅재는 하나의 주제이다. 꿈은 아직 진행형이다.

[전기 자동차의 에너지 효율을 생각하다]

내연기관을 동력으로 사용하는 자동차보다 효율이 뛰어나다고 선전하는 전기 자동차.
시가지 단거리주행에서의 장점은 확실히 분명하지만, 충전이나 에어컨을 사용할 때 등과 같이
손실이 생길만한 부분도 확실히 존재한다. EV의 효율을 높이기 위한 닛산의 계획을 소개하겠다.

본문 : 세라 고타   그림 : 닛산

전기자동차(EV)는 공기저항과 싸우고 있다

주행할 때 소비하는 에너지를 분해해 보면, 주행속도가 상승함에 따라 공기저항 비율이 2차원곡선으로 상승하는 것을 알 수 있다. 전동 부품 계통에서 약간의 개선을 목적으로 개발 에너지를 투입하는 것보다, 공기저항 저감이나 타이어 구름저항 저감에 힘을 쏟는 것이 자동차 효율을 더 직접적으로 향상시킨다. 다만, 주행속도가 낮은 영역에서는 상대적으로 모터×인버터 손실이 차지하는 비율이 크기 때문에 효율향상 노력을 느슨하게 해서는 안 된다.

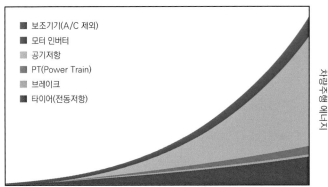

차량주행 에너지 내역

- 보조기기(A/C 제외)
- 모터 인버터
- 공기저항
- PT(Power Train)
- 브레이크
- 타이어(전동저항)

차량주행 에너지

차속

그래프의 「보조기기」는 ECU 등과 같은 전자 장치 계통의 작동에 의한 손실이다. 「파워트레인」은 모터 출력을 감속할 때의 기계적 손실. 「브레이크」는 마찰 분이다. 다음 페이지에서 설명하겠지만, 에어컨을 켜고 끌 때에도 영향이 크다.

내연기관의 경우는 연료로부터 생성되는 에너지 중 배기나 냉각수, 펌핑이나 마찰에 의해 손실이 발생해 최종적으로 바퀴로 전달되는 에너지는 30%에서 40%밖에 안 된다는 이야기를 한다. 한편, 전기자동차의 경우는 「벽 콘센트에서 얼마만큼의 전력을 가져오고, 그 에너지로 자동차가 얼마만큼 달렸느냐」(EV기술개발본부 EV시스템 개발부 EV시스템 개발그룹 파워트레인 주관 나카다 나오키씨)라고 하는, 소위 말하는 Wall To Wheel을 지표로 한다. 경로로 보면, 전기에너지는 벽 쪽의 콘센트부터 충전기를 경유

해 배터리에 충전된다. 주행할 때는 배터리에서 인버터를 경유해 모터로 전달된다. 이것이 전부이다.

충전기의 변환효율은 약 90%. 20kWh의 전기에너지를 충전할 경우, 벽 쪽에서 22.2kWh가 필요하다. 나아가 배터리의 내부저항에 따른 손실이 발생한다. 에너지 손실은 저항과 전류값의 제곱에 비례하기 때문에, 작은 전류로 충전하는 편이 효율이 좋다. 예를 들면, 200V로 보통 충전할 때의 손실은 0.5% 이하라고 한다.

모터의 효율 특성도에도 내연기관에서의 있어서

「연비의 중심」에 해당하는 영역이 존재한다. 현실 세계에서 효과가 있는 저부하 효율을 높이는 것이 과제인데, 내연기관과 상대비교하면 모든 영역에서 높아서 모터와 인버터의 효율을 곱해도 90% 이상의 영역이 대부분이다. 효과가 적긴 하지만, 효율을 높이는 것이 개발방향 중 하나이다. 가변제어 등을 통해 효율이 높은 영역을 사용해 나가는 것(비용·손실과의 트레이드반관계이지만)도 과제 가운데 하나이다.

MC 전후의 모터 특성

리프는 2012년 11월에 실시한 마이너 체인지를 통해 모터 사양을 변경했다. 효율 90% 이상인 영역이 많다고는 하지만 실제 주행에서는 효율이 낮은 영역도 사용한다. 저부하 상태의 주행영역과 회생에서는 효율이 낮은 영역을 왔다 갔다 하기 때문에 개선 효과가 크다. 최대 토크를 280Nm에서 254Nm으로 떨어뜨릴 필요는 있었는데, 모터 제어를 통해 과도기적 토크를 발휘하도록 함으로서 가속감은 오히려 향상되었다. 경량화나 저속기어화(Low Geared 化) 효과도 크다.

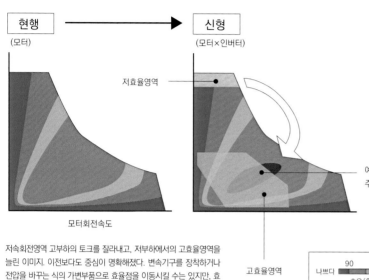

저속회전영역 고부하의 토크를 잘라내고, 저부하에서의 고효율영역을 늘린 이미지. 이전보다도 중심이 명확해졌다. 변속기구를 장착하거나 전압을 바꾸는 식의 가변부품으로 효율점을 이동시킬 수는 있지만, 효율적으로 다 높이는 것이 과제이다.

전기자동차의 과제

전기자동차에서는 에어컨이나 히터의 부하가 만만치 않다. 80km/h 일정속도일 때 차량주행 에너지는 10kW 정도, 모드 대표점에서 15~20kW. 40km/h 일정속도로 달릴 경우, 주행에 소비되는 에너지와 똑같은 양을 에어컨이 소비한다는 계산이 나온다. 에어컨이나 히터의 소비전력이 항속거리에 직결되기 때문에 개선에 노력하고 있다. 내연기관은 공전시 방출하는 열량이 많고 냉각이 심해지지만, EV는 차속에 따라 손실이 발생한다. 인버터를 적정 온도로 유지하기 위한 냉각은 필요하지만 방출하는 열량은 압도적으로 적다.

주행할 때 소비되는 에너지 비율을 나타낸 막대그래프. 절대값은 차속에 비례한다. 타이어의 소비 에너지는 40km/h일 때보다 80km/h일 때가 더 작다. 어떤 주행상황에서든 모터×인버터의 손실분은 비율이 작다.

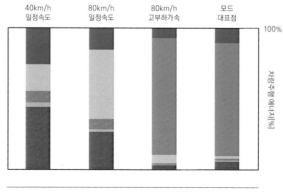

위쪽 그래프에 에어컨(히터)의 소비 에너지를 추가한 상태. 에어컨은 최대3kW, 히터는 5kW를 소비하기 때문에 부하가 작은 저속으로 일정하게 달릴수록 큰 비율을 차지한다. EV 효율을 생각했을 때, 에어컨을 무시할 수 없는 이유를 일목요연하게 알 수 있다.

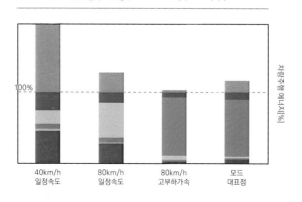

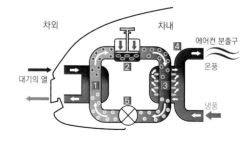

1. 대기 중의 열을 흡수
2. 열을 압축해「고온의 열」로 만든다
3. 「고열」에 차내의 차가운 공기를 부딪치게 해 온도를 올린다
4. 따뜻해진 공기를 차내로 보낸다
5. 열을 압축해「저온의 열」로 만든다

닛산 리브는 히트 펌프 시스템을 사용한 난방을 적용해 에어컨 소비전력을 저감시키고 있다. 그 효율을 높이기 위해 마이너 체인지를 통해 라디에이터와 콘덴서 위치를 역전(콘덴서가 뒤쪽에) 시켰다.

가솔린엔진은 디젤엔진을 따라잡을 수 있을까

AVL은 디젤엔진과 가솔린엔진의 특징을 대비하여 가솔린엔진의 효율을 향상시키는데 필요한 기술을 부각시켰다. 디젤엔진의 연비가 뛰어난 것은 압축비가 높고(팽창비가 크다), 성층연소에(열 손실이 적다), 과급을 하고(토크가 커서 다운 스피딩으로 이어진다), EGR을 하고 있기(NOx 저감에 유리) 때문이다. 「성능 좋은 희박연소라도 200g/kWh 이하를 달성하기가 어렵다. 냉각 EGR 쪽이 현실적」이라는 판단 때문에 이론공기비(Stoichiometry)를 추천한다.

Diesel

디젤엔진의 특징	그 결과 …
■ 희박 연소	■ 저연비
■ 높은 압축비	■ 일의 비율이 뛰어나다
■ 성층연소	■ 벽면 냉각손실이 적다
■ 터보차저	■ 큰 토크의 실현(다운 스피딩)
■ EGR	■ NOx의 저감

Gasoline

오늘날의 가솔린엔진은	효율을 높이기 위해	이를 위한 기술
□ 이론공연비에서의 연소	□ 희석연소	□ 냉각 EGR
□ 적당한 압축비	□ 높은 압축비의 실현	□ 밀러 사이클 내지는 가변 행정 크랭크축
□ 균질혼합기	□ RDE에서도 균질혼합	□ λ=1
□ 무과급 내지는 터보과급	□ 무과급은 응답성 중시, 터보차저는 토크 중시	□ TC+전동차저
□ 삼원촉매를 이용한 후처리	□ 일체의 배출가스의 환원	□ 삼원촉매

열효율의 차이는 스위트 스폿(sweet spot)의 차이

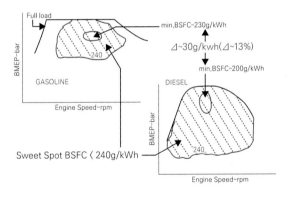

가솔린엔진과 디젤엔진의 제동연료소비율(BSFC)을 대비시킨 그래프. 가솔린에 비해 디젤은 연료소비율이 좋은 스위트 스폿이 넓고, 가장 좋은 연비점도 뛰어나다. 가솔린을 이 상태에 근접시키는 것이 개발 목표이다.
(* Sweet Spot: "가장 효율이 좋은 위치"를 뜻함)

AVL의 경우 | Case of AVL

[엔지니어링 회사가 그리는 미래상]

60년 이상의 역사를 가진 세계유수의 엔지니어링 기업 AVL이 10년 앞을 내다본
4행정 가솔린엔진의 모델케이스를 발표했다.
현 상태에서 생각할 수 있는 가장 좋은 방법을 조합해 만들어낸 미래형 엔진이란?

본문 : 세라 고타   그림 : AVL

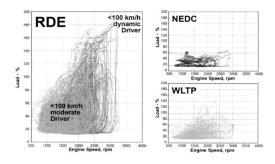

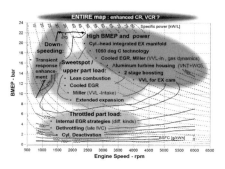

모드와 실제주행이 이 정도로 다르다

유럽의 주행 사이클 방법이든, 검토가 진행 중인 세계공통의 배기가스 시험방법이든 저부하 쪽만 사용할 뿐이다. 그런데 실제 사용자는 시험 모드보다 훨씬 높은 고부하 영역에서 운전하고 있다. 그 때문에 모든 부하를 포함한 연비와 배출가스의 품질을 좋게 할 필요가 있다.

따라서 모든 영역에서 대응책이 필요

가솔린엔진의 연료소비율이 가장 좋은 영역을 넓게 하기 위해서는 저부하에서의 펌핑 손실을 줄이고, 고부하에서는 열 문제를 해결하며, 연료를 농후하게 하는 영역을 피해야 한다. 즉, 전면적인 대책이 필요하다.

연접 크랭크

ALR은 무리하게 희박연소 방식에 NOx 후처리 장치를 장착하기보다, λ=1 상태에서 팽창비를 높이고 냉각 EGR로 대응하는 편이 현실적이라고 생각한다. 링크 기구를 이용해 팽창행정만 길게 하는 가변 크랭크는 아이디어 중 하나이다.

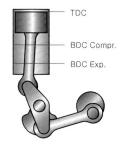

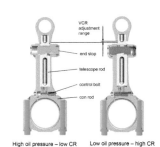

High oil pressure – low CR   Low oil pressure – high CR

VCR

고팽창비 사이클을 실현하기 위해 가변 크랭크 기구를 이용하는 방법이 있지만, 「양산으로 나아가는데 있어서는 투자 면에서 장애가 높다」는 등을 이유로, ALR은 가변 커넥팅 로드 쪽이 현실적이라고 보고 있다. 더 현실적인 것은 VVT를 이용한 밀러 사이클이다.

강제EGR

냉각 EGR을 전동 슈퍼차저를 통해 강제적으로 흡기에 합류시키는 강제EGR을 제안한다. EGR을 통해 노킹을 피하고, 토크가 높아져 펌핑 손실이 줄면서 연비는 좋아진다. 전동 슈퍼차저의 구동손실이 발생하긴 하지만, 그것을 감안하더라도 장점은 있다.

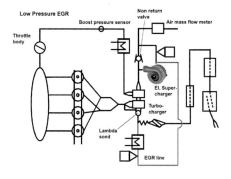

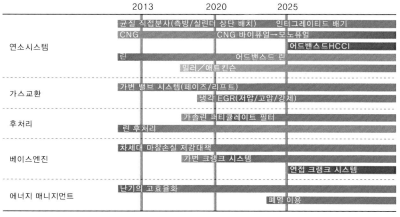

■ 주류   ■ 프리미어   ■ 틈새기술   ■ 미래기술

AVL이 생각하는 차세대 기술

개발영역 별로 실현가능성을 살펴본 것이 위 그래프이다. 가변 밸브 타이밍 기구와 냉각 EGR을 겸비한 이론공연비 직접분사 · 밀러 사이클이 주류라는 것이 AVL의 생각이다. 직접분사 인젝터의 위치는 사이드와 센터로 분류할 수 있는데, 열 문제나 피스톤 헤드 면 및 실린더 벽면 부착을 피하기 쉬운 「측면(Side)」을 강력하게 권장하고 있다」는 것이 AVL의 입장이다.

자동차 엔진 엔지니어는 심각해질 것이 뻔한 CO_2 배출량 규제에 대비하지 않으면 안 된다. 갈수록 심해질 엄격한 목표값을 어떻게 만족시킬 것인가?

전동화를 추진하는 것도 한 가지 방법이지만, 비관적으로 예측하면 거의 보급되지 않을 것 같다. 그렇다면 내연기관의 연비를 향상시켜 나가지 않으면 CO_2 배출량 목표를 달성할 수 없다. 모순되는 이야기 같지만, 아무리 내연기관을 개선하더라도 목표달성이 쉽지 않기 때문에, 내연기관의 효율을 높인 상태에서 전동화를 병행하는 것이 최선의 해결책일 것 같다.

그렇다면 가솔린엔진으로 어디까지 가능할까. 디젤엔진의 연료소비율과 대비시켜 보면 방향성이 드러난다. 앞 페이지에 연료소비율 그래프를 나타냈다. 디젤엔진은 가솔린엔진에 비해 연비가 좋은 240g/kWh 구역이 넓은 것이 특징이다. 심지어 최상의 연비영역은 가솔린보다 13%나 좋아 200g/kWh 이하이다. 최상연비영역, 소위 말하는 「연비의 중심」을 개선하여 스위트 스폿(Sweet Spot)을 넓히는 것이 개발에 있어서 큰 주제이다.

AVL은 목표를 달성하기 위한 수단으로 성층연소를 선택하지 않고, 이론공기비 연소가 우위에 있다고 판단하고 있다. 직접분사 터보는 대전제이다. 그 상태에서 밸브 기구의 제어를 통해 밀러 사이클(고팽창비 사이클)을 실현함으로서 강제EGR을 사용하는 방법이 정답이라고 판단하고 있다. 1250kg 관성(Inertia) 등급에서 7단DCT를 장착한 차량에 1.6ℓ 직접분사 터보 엔진을 탑재한 다음, 여기에 수냉 배기다기관, 밀러 사이클, 냉각된 강제EGR을 조합한 실험차량 제작을 계획 중이다. 최첨단 1.4ℓ 직접분사 터보로 116g/km. AVL은 이 실험차량으로 90g/km를 목표로 하고 있다.

92%, 가정용 가스엔진 열병합발전 시스템인 「에코월」의 열효율이다. 시스템의 핵심은 혼다 제품의 가스엔진 GFV110이다. 도시가스나 LPG 등을 연료로 제너레이터(발전기)를 구동하고, 엔진이 작동하면서 발생하는 배기열을 이용해 급탕도 한다.

덧붙이자면, 에코월(Ecowill)의 배기구는 수지제품이다. 이것은 말할 필요도 없이 배기구에서 배출되는 가스의 온도가 그다지 높지 않다는 것을 뜻한다. 열에너지가 낭비 없이 이용(회수)되면 배기온도는 이 정도까지 낮아지는 것이다.

한편, 개별 엔진의 최대열효율은 32% 정도라고 한다. 소배기량 단기통으로는 파격적인 수준이다. 그리고 이 고효율을 발휘하는 구조야말로 이 엔진의 최대 특징이다. GFV110형 가스엔진은 애트킨슨 사이클을 사용하고 있다.

애트킨슨 사이클은 대략 19세기 후반에 영국의 제임스 애트킨슨에 의해 발명된 사이클이다. 현재 가장 일반적인 존재인 오토 사이클 기관의 크랭크 기구에 복수의 링크를 추가한 형태를 하고 있는데, 압축과 (폭발)팽창 각각의 행정에서 다른 행정 길이를 나누어

사용함으로서 이상연소나 펌핑 손실 증대로 이어지는 과도한 압축이 없이 열효율을 확보하는데 중요한 의미를 가진 고팽창비의 확보가 가능하다.

언뜻 보면 이상적인 요소가 많은 애트킨슨 사이클 같지만 문제도 있었다. 복수의 링크를 가진 크랭크 기구가 복잡하고 소형화나 고속회전화가 곤란했던 것이다. 그 때문에 정치(定置)형의 동력용 대형엔진이 주류였던 발명 당시에는 어느 정도 보급됐었지만, 자동차 용도로의 응용은 곤란했던 관계로 점차 역사 속으로 사라져 갔다.

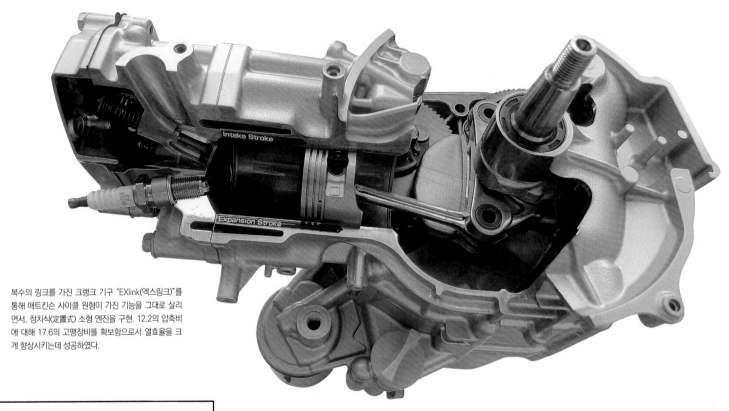

복수의 링크를 가진 크랭크 기구 "EXlink(엑스링크)"를 통해 애트킨슨 사이클 원형이 가진 기능을 그대로 살리면서, 정치(定置式) 소형 엔진을 구현. 12.2의 압축비에 대해 17.6의 고팽창비를 확보함으로서 열효율을 크게 향상시키는데 성공하였다.

혼다 · EXlink의 경우 | Case of HONDA

[원조 애트킨슨 사이클의 실력]

근래, 자동차용 엔진에서도 추세가 되어 가고 있는 애트킨슨 사이클.
하지만 구조는 대략 130년 전에 등장한 원형과는 크게 다르다.
여기서 소개하는 혼다의 열병합 발전용 가스엔진은 원형에 충실한
"원조" 애트킨슨 사이클이다.

본문 : 다카하시 잇페이   그림 : 혼다/MFi

에코월(Ecowill)

각 지방의 가스회사가 취급하는, 가스엔진 탑재형 열병합발전 장치. 엔진으로 구동하는 제너레이터로 발전하고, 배기열을 회수해 급탕을 공급한다. EXlink를 적용한 애트킨슨 사이클 엔진인 GFV110을 탑재하고 있다.

애트킨슨 사이클 원형에 충실한 작동을 보이는 EXlink. 크랭크축의 1/2 회전속도로 회전하는 편심축이 커넥팅 로드와 크랭크축을 연결하는 트리고널(Bird Epigenetic) 링크의 각도를 바꿔 흡입/압축 (0~360도), 팽창/배기(360도 ~720도) 각각에서 다른 행정 길이를 형성한다.

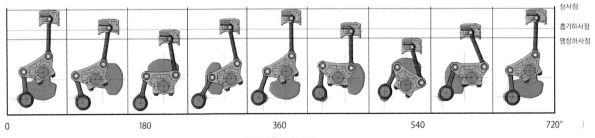

상사점
흡기하사점
팽창하사점

| 0 | 180 | 360 | 540 | 720° |

크랭크 축의 회전각

근래, 자동차용 고효율화 기술로서 애트킨슨 사이클이 각광을 받고 있는데, 이는 기본적인 구조는 오토 사이클인 상태에서 애트킨슨 사이클 원리를 응용한 것이다. 압축행정 도중까지 흡기 밸브를 열어 두고, 흡기행정의 유효 행정 양을 줄이는 방법이 이용되고 있다.

이에 반해 GFV110형은 애트킨슨 사이클의 원형처럼 복수의 링크를 가진 크랭크 기구를 사용한다. 복수 링크의 동작을 이용함으로서 물리적으로 팽창행정의 길이만 연장한다. 실린더 용적은 흡입/압축 쪽이 110cc, 팽창/배기 쪽이 163cc이다. 앞서의 응용방식이 "뺄셈" 같은 방법이라면, 이것은 "덧셈" 같은 방법이라 할 수 있다.

일반적인 엔진이 연소가스에 압력과 온도를 남긴 상태로 하사점에서 팽창행정을 마치는데 반해, 팽창행정 "연장분의 길이"가 잔재압력과 열을 계속해서 운동에너지로 변환시킨다. 이것은 앞서 말한 배기구의 온도가 낮은 것에도 맞닿아 있다.

이것만이라면 "왜 자동차에도 적용하지 않을까"하고 생각할지도 모르지만, 거기에는 정상상태에서 운전되는 정치(定置)용이었기 때문에 가능했다는 이유도 있다. 사실, 추가되는 복수 링크의 존재가 큰 편인데, 개발초기에는 진동과의 싸움이었다고 한다.

이와 더불어 다기통 엔진에서는 "뺄셈"방식이라도 포트로 공기를 되미는 저항이 그다지 크지 않다(다른 기통이 지원). "왜"라는 말에는 그 나름대로의 이유가 있기 마련으로, EXlink의 정교함까지 조화된 움직임을 보고 있으면, 미래를 상상하지 않을 수 없다. 기동력(Mobility)에 대한 꿈, 혼다 DNA는 이런 부분에도 분명히 살아 있다.

"손해를 통해 이득을 얻다" 정교한 링크 배치

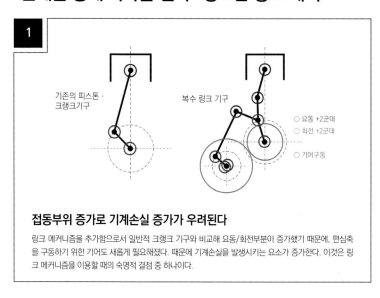

1

접동부위 증가로 기계손실 증가가 우려된다

링크 메커니즘을 추가함으로서 일반적 크랭크 기구와 비교해 요동/회전부분이 증가했기 때문에, 편심축을 구동하기 위한 기어도 새롭게 필요해졌다. 때문에 기계손실을 발생시키는 요소가 증가한다. 이것은 링크 메커니즘을 이용할 때의 숙명적 결점 중 하나이다.

2

팽창행정 중인 커넥팅 로드의 경사각도가 작다 → 피스톤 측력이 작다

EXlink에서는 링크의 배치를 개선하여 큰 힘이 걸리는(폭발) 팽창행정에서 커넥팅 로드가 경사지는 각도를 크게 억제하고 있다. 커넥팅 로드가 수직에 가까운 상태에서 폭발력을 전달하기 때문에 피스톤의 측압이 작아지고, 실린더와 피스톤 사이에서 발생하는 마찰저항도 크게 감소한다.

최대하중은 20% 저감, 나타나는 현상도 빠르다

크랭크 각도 별 마찰정도를 산출하면

EXlink의 커넥팅 로드 아래쪽(대단부 쪽)은 단순한 원운동을 하지 않기 때문에 일반적인 크랭크와는 마찰손실 분포나 상승형태가 다르다. 각 행정에서 변화하는 실린더 내 압력 등에 대응하는 형태로 링크 상태를 제어함으로서 이들(마찰손실) 분포를 최적화했다. 복잡한 관성계통이 일으키는 진동을 억제하는데도 성공하고 있다.

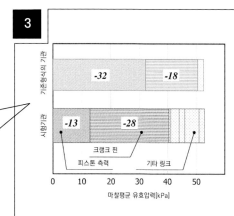

3

복수 링크의 접동부위 손실을 피스톤 측력을 감소시켜 상쇄

크랭크/피스톤 주변의 마찰손실을 실린더 내 압력으로 나타낸 것. EXlink에서는 링크기구를 추가하는 등의 이유로 「기타 링크」부분에서 손실이 증가하지만, 피스톤 측력이나 크랭크 핀 부분에서의 마찰손실이 감소하기 때문에 손실 총량으로 보면 기존 형식과 같은 수준이다.

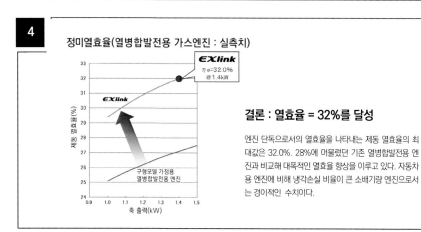

4

결론 : 열효율 = 32%를 달성

엔진 단독으로서의 열효율을 나타내는 제동 열효율의 최대값은 32.0%. 28%에 머물렀던 기존 열병합발전용 엔진과 비교해 대폭적인 열효율 향상을 이루고 있다. 자동차용 엔진에 비해 냉각손실 비율이 큰 소배기량 엔진으로서는 경이적인 수치이다.

Epilogue

내연기관에 의존해야 하기 때문에...

적어도 향후 20~30년은...!

[마키노 시게오의 취재노트에서]

「열효율 50%」가 최전선 엔지니어들의 지상과제이다. 효율 그래프의 정상에서 50%를 달성하면, 거기에 이르는 7부능선은 자연스럽게 40%대가 된다.
과거에도 고효율을 목표로 다양한 연구개발이 이루어져 왔지만, 앞으로도 내연기관은 반드시 진보할 것이다.

본문&사진 : 마키노 시게오

　　2000년 프리랜서가 되고 난 이후의 취재노트가 지금까지 103권 째이다. 다양한 사람들을 만나 활동 내용을 듣는 것이 우리들 저널리스트의 작업이고, 그 발표의 장이 MFi 같은 미디어이기 때문에 취재 노트는 그야말로 재산과 같다. 재산이라고 느끼고 나서부터는 취재의 「뒷정리」라는 기분으로 꼼꼼히 노트에 기록하게 되었다. 취재할 때의 메모수첩과는 별도로 따로 기록한 것이다. 200페이지 두께의 노트에 사진처럼 예쁜 만년필까지 사용해가면서 상세하게 취재내용을 정리하는 것이 일과이다.

　　신문기자 시절의 노트(라고 할까 메모수첩)도 상당한 양을 차지하고 있다. 「이렇게 정리해서는 나만 해독할 수 있겠군」하고 생각되는 메모수첩이 반이나 되

는데, 뒤적여 보면 그 당시의 분위기가 전해져 오는 듯해서 재미있기까지 하다. 다행스럽게 신문은 기사가 그 날로 끝난다. 다음날에는 다른 기사를 쓰는 것이다. 내 경우는 체계적으로 살펴서 기사는 쓰는 유형이 아니라 마치 「하루살이」 같았다. 흥미로운 대상은 광범위하다. 지금도 그런 경향이 있지만, 근래에는 「자동차 기술과 인류의 행복」이라든가 「자동차 기술과 기업경영」 같은 원대한 주제도 나 나름대로 다루고 있다. 과거, 몇 백 명을 넘는 엔지니어들을 만나 나눈 이야기들, 대화 속에서 느껴졌던 「뜨거운 열정」이 나에게도 전염된 것 같은 느낌이다.

　　이번 특집기사를 쓰면서 80년대 후반부터 90년대 전반까지의 취재노트를 들여다보았다. 작업실 정리

가 잘 안 돼 있어서 이 상자, 저 상자 열기도 했고, 쌓여있는 산 같은 자료를 다 내려놓는 작업이 수시로 벌어졌다. 고생하면서 발견한 몇 몇 취재수첩에는 세라믹 엔진에 관한 논쟁이나 원시적 EV(전기자동차)에 관한 메모, 저공해차를 둘러싼 운수성과 통산성의 줄다리기 등이 시시각각으로 변하는 모습이 기록되어 있었다.

　　그리고 발견했다. 기아자동차 기술고문이었던 무렵의 가네사카 히로시씨나 「앞으로는 2행정 엔진의 시대일지도 모른다」고 했던 도요타 모 임원 등의 취재메모였다. 현재의 내가 되어서야 비로서 「아~, 그런 뜻이었구나」하고 이해할 수 있는 발언도 몇 가지 발견했다. 발언을 놓치지 않고 메모하는 속기는 나름 자신이

업무용 RC 헬리콥터의 2행정 엔진

야마하 발동기에서 본 헬리콥터에는 수평대향 2행정 엔진이 탑재되어 있었다. RC라고는 하지만 농약 살포 등에 사용하는 대형 기체이다. 체인톱도 2행정 엔진이다. 간단한 기구에 저가인 2행정 엔진은 생활 속 깊숙이 들어와 있는 것이다.

중심 부분에서는 열효율이 38%를 넘어섰다

HEV 엔진은 통상적인 엔진과 운전 방식이 다르다. 핀 포인트에서 연비를 내기 쉽다. 도요타가 97년에 발매한 1세대 프리우스 이후, 개량을 계속해 온 스트롱 HEV용 엔진은 하나의 정점을 형성하고 있다.

이것은 새로운 꿈의 엔 인가?

사이오우 엔지니어링이 시작품으로 만든 6행정 엔진은 앞으로 차량에 탑재해 테스트할 예정이다. 특허공시를 보면 과거에도 다양한 행정 수의 엔진이 출원되어 있다. 하지만 아직 실물로는 등장하지 않고 있다.

하이브리드 차량의 구동능력, 그리고 연비

편집부 M군과는 이번에도 장거리 운전 취재를 거듭 했다. 나 자신은, HEV에서는 캠리의 구동능력이 맘에 든다. 같은 회사 안에서도 제어하는 맛이 다르다는 점이 흥미롭다. 단, 구동능력이 좋으면 연비는 확실히 나빠진다.

있었지만, 메모를 하는 현장에서 의미를 하나하나 생각하지는 못 한다. 특히 엔진니어의 이야기는 현장에서는 좀처럼 이해하지 못하는 경우가 대부분이다. 진의를 파악하는 것은 뒷날인 것이다.

세라믹엔진이나 애트킨슨 사이클에 대해서는 다른 글의 일독을 부탁드리는 바이고, 아직 엔진 연소효율이 300g/kW대가 당연시 여겨졌던 시절의 이야기나 「10모드」시절의 압축비 7 정도의 느슨한 과급엔진 이야기는 지금도 재미있다. 「꽤나 열심히 발전시켜 왔네」하는 느낌이 든다. 그런 세계를 완전 새롭게 바꾼 장본인은 1세대 프리우스라고 나는 생각한다.

방향을 바꿔, 편집부로부터 이번 특집은 『열효율』을 주제로 삼았다는 제안이 왔다. 이전의 Vol.77 『압축비』 이상으로 어려운 주제이다. 하지만 이런 특집을 기획하는 자동차 매체는 세계에서도 MFi 정도일 것(웃음)이라는 자부심 때문에, 우선은 게이오의숙대학 이공학부 시스템 디자인 공학과로 이다 노리마사교수를 방문했다. 열역학에 대해 쉽게 해설해 주신다면,

그것을 내가 그림으로 그릴 수 있을 것이라고 생각했기 때문이다. 하지만 역시나 6페이지 지면으로 열역학을 정리하기에는 나 자신의 이해력이 부족하다고 실감. 여러 조언을 듣고 언젠가 MFi에서 열역학을 제대로 해보리라 결심했다.

열역학이라는 주제를 가지고 하는 이야기이기 때문에, 당연히 이다교수는 카르노 사이클이나 애트킨슨 사이클 이야기를 해 주었다. 「온도를 이해한다는 것이 쉽지 않죠」라며 전부터 들어온 바 있는 나는 그날, 「아, 언젠가 자동차의 온도에 관한 특집을 해보자!」하고 생각했던 참이다. 엔진 내부부터 범퍼, 타이어, 실내까지 온도를 측정하는 심도 있는 특집이다.

온도라고 했을 때 떠오르는 것은 2차전지이다. 이것은 화학반응을 이용해 충전과 방전을 한다. EV나 HEV(하이브리드 차량) 모두 전지의 온도가 올라가지 않도록 제어하고 있다. 그래서 최근의 HEV 감상을 편집부 M군에서 물어보았다. 더불어 나 자신도 몇 대의 HEV에 타 보았다.

「좋은 점도 있고 별로인 부분도 있었습니다」라는, 올드카&바이크 매니아인 M군. 「타고 있는 동안에 쉽게 익숙해지던지, 혹은 몇 번을 타도 느낌적으로 받아들여지지 않던지, 일까?」하고 내가 물었더니 두 가지 차 이름을 알려주었다. 꽤나 마음에 드는 HEV도 있다고 하는데, 뜻밖에도 그 차 이름이 나와 일치했다. 55살인 나와 41살인 M군의 감성이 비슷하다는 것이, 「그래서 MFi와 일을 하고 있는 것이겠죠」라는 사실로 이어져있다는 기분이다.

사이오우 엔지니어링에서 취재한 6행정 엔진에 두 사람 모두 빠져든 것은, 이 회사의 대표인 사토씨의 생각에 공감했기 때문이기도 하다. 바이크를 좋아하는 M군은 항상 「4행정 엔진만 계속 중심일까?」하고 생각하고 있던 것 같고, 나도 「엔지니어가 새로운 것에 흥미를 나타내지 않으면 일본은 끝이다」라는 입장이었기 때문에 어느 면에서 일치했다. 나중에 실제차량이 완성되면 취재하고 싶은 주제이다.

그런 한편으로, 전멸위기종 같은 상태의 2행정 엔진

이야기를 야마하 발동기에 대해 취재하러 M군과 함께 이와타로 향했다. 「우리는 2행정 엔진을 단념하지 않고 있습니다」라며, 초반부터 언급된 확언에 우리들은 몰입하기도 했다. 한 번 사용하지 않게 된 기술은 종래는 사라지고 만다. 그렇게 되기 전에 2행정 엔진을 다루지 않으면 안 된다고 생각하던 참이었는데, 고맙고 반가운 이야기가 아닐 수 없다.

열효율 이야기라면 가스터빈은 필수이다. 예전에 ABB(Asea Brown Boveri)와 볼보 카즈를 취재했을 때의 노트와 자료를 찾아냈다. 볼보 카즈가 93년에 시작품으로 만든 시리즈 HEV는 볼보 850 엔진룸에 들어가던 가스터빈 엔진과 발전기를 겸비한 자동차였다. 이다교수의 이야기가 떠오른다.

「비행기에 사용하는 터빈엔진은 작동유체가 연속적으로 흐르기 때문에, 열전도율이 작은 물질로 단열벽을 만들어 주면 열이 도망가지 않아 추진력으로 사용할 수 있습니다. 자동차의 왕복동 엔진은 폐쇄된 용기 안에서 작동가스 온도가 올라가거나(연소), 떨어지는 (흡기) 동작을 반복합니다. 그것이 하나의 벽 안쪽에서 이루어지기 때문에 벽 온도도 같이 상승하는 것이죠」라는 단열엔진의 강의이다.

볼보의 가스터빈 EV도 분명 배열 문제에 고심하고 있었다. 그 다음은 키~잉 거리는 터빈 음이다. 모든 것을 얼려버릴 정도로 추운 92년 12월 어느 날, 예테보리 교외에 있는 옛 비행장 활주로에서 시승했던 이 자동차는 꽤나 구동능력(Drivability)이 좋았다. 상당히 세세한 느낌이 취재노트에 기록되어 있었다. 정상적

으로 돌려 전기만 일으키려는 목적이라면 차량탑재 가스터빈의 효율은 상당히 좋다. 연료는 아무 것이나 사용할 수 있다. 하지만 가격이 비싸고 열과 소음 문제가 있다. 배기가스도 어려울 것이다. 아니, 일본의 사정을 감안하면 그 이상으로 어려운 것은 연료세제일지도 모르겠다.

등유나 경유, 가솔린을 다 사용할 수 있는 자동차가 있다면 세제와 지방세를 어떻게 배분할지, 지금까지 없었던 문제가 발생할지도 모른다. EV에서 사용되는 전력에 대한 과세에 대해 「지자체마다 등록대수를 조사했다가 나중에 전력회사가 징수한다」고 씩씩거렸던 곳은 재무성이다. 1ℓ 마다 연료를 과세하면 자연히 실용연비가 좋은 자동차기 살아남을 소지가 다분히 있지만, JC08모드 그림에 대해 에코카 감세가 시행되는 이유는, 국토교통성이든 경제산업성이 자동차 업계와의 관계를 「돈줄」로 생각하고 있음이 틀림없다.

그렇다, 자동차 오너는 고액세납자이다. 가솔린은 1ℓ당 540원의 가솔린 세금 등이 가산되고, 심지어 소비세가 붙는 「이중과세」가 당연시 되면서 판매되고 있다. 천연가스나 LPG 혹은 알코올 계열 등 연료가 다양하게 생산되는 것을 감독관청은 좋아하지 않지만, 세액이든 세율을 조금만 손보면 수급이 움직이기 때문에 에너지 업계 내에서의 힘 관계가 상태를 결정한다.

그런 것을 생각하면서, 취재차량을 HEV에서 디젤 MT차로 바꾸었다. 실용연비가 좋고, 변속은 100% 자기책임이기 때문에 연비가 나쁜 것은 서투르다는

증거이다. 매일 체중계에 올라가는 것이 다이어트의 지름길이라고 한다면, 연료절약에 대한 지름길은 운전연습이다.

「왜건 R은 MT차보다 CVT 쪽이 연비가 좋습니다. 지금의 협조제어는 엔진과 변속기가 서로 상부상조하는 상황이죠」

스즈키에서의 취재가 떠올랐다. 거리에서 경CVT를 타고 다녀도 의외로 연비가 좋았다. 「그것은 CVT를 어떻게 운전하느냐에 따라 다른 것이죠. 아무리해도 익숙해지지 않는 CVT차도 많이 있습니다」라는 M군. 나도 동감이다. HEV이든 EV이든 또는 가솔린엔진에 CVT이든지간에, 요는 「어떤 구동능력으로 하느냐」이다. 이 이야기를 엔지니어 분들에게 물었더니 상당히 흥미로운 대답이 돌아왔다.

「연비를 좋게 하라는 오더가 있으면, 연비만 파고들죠. 엔지니어는 대개 그런 성격을 갖고 있습니다」

이것은 진짜 속내이다.

「연비는 알기가 쉽습니다. 사내 회의에서 판매점 매장까지 연비로 쭉 관통할 수 있을 정도이죠」

확실히 그렇다.

「개발 팀 내에의 의사통일이 어지간히 되어 있지 않으면, 연비라는 목표를 한 단계 개선해 구동능력이라는 줄기를 관통하기가 어렵습니다」

그렇겠구나. 하고 생각하면,

「운전자의 요구에 대해 충실하게 반응하는 것이 결과적으로 연비가 좋아집니다. 멀리 돌기는 하지만요. 자동차 제작자가 자동차 사용자를 이끌겠다는 생각

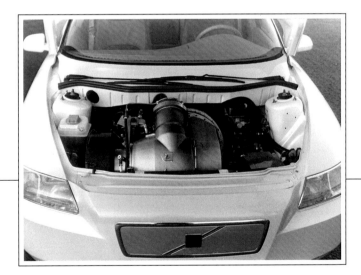

볼보의 개념 EV인 「ECC」

볼보 자동차가 1992년 파리살롱에 출품한 개념 EV 1호차를 일본인으로 시승한 것은 나와 닛케이신문의 가와가미씨뿐일 것이다. ABB제 가스터빈을 포함한 발전/강전(强電)계통은 850 파워트레인과 중량이 비슷하다. 구동능력이 좋은 EV였는데….

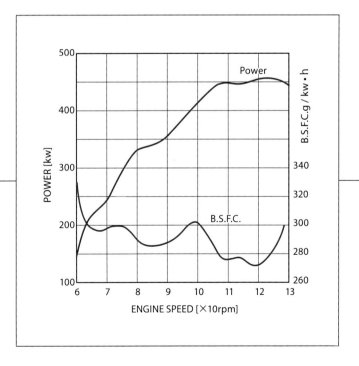

터보시대의 F1은 놀랄만한 연비성능을 자랑했다

혼다가 발표한 F1 엔진의 연료소비 곡선 그래프이다. 최고출력이 나오는 회전영역에 연비의 「중요부분」이 있다. 연료소비량을 정밀하게 적산해야만 체커 플래그를 받은 직후에 연료가 떨어지는 상황이 가능한 것이다.

을 갖고 있는가, 아닌가라고 생각합니다」라는 발언도 있다.

그래서 생각이 떠올랐다. 다카하시 구니미츠씨가 포르쉐 962C로 일본내 내구성 경주에서 싸웠던 80년대, 나는 「타기 쉬운 자동차는 연비가 좋아진다」라는 말을 듣고서 뭔가 그 의미를 잘 몰랐었는데, 연비는 구동능력에 붙어 오는 덤 같은 것이라는 발언이다. 포르쉐 962C는 당시의 내구성 경주 세계를 평정하고 있었다.

카레이스 이야기라면 역시나 도카이대학으로 가야겠다는 생각이 떠올라, 공학부 동력기계 공학과로 오카모토 다카미츠교수를 방문했다. WRC부터 F1을 거쳐 시판차까지, 다양한 엔진을 손댔던 전 도요타맨이다.

「혼다가 발표한 적이 있었는데, 1.5ℓ 터보시대의 연비는 상당히 놀라운 정도였죠. 머, 그 당시는 눈이 따끔거리고 현기증이 날 것 같은 연료를 사용했지만요…」

조사해 보았더니 그래프가 있었다. 논문도 발표되었다. 인터넷은 이런 점이 편리하다. 1만 2000rpm에서 280g/kWh라는 연비이다. 연료 성질과 상태가 전혀 다르다고는 하지만 1만rpm 이상이 당시 F1 머신의 상용회전영역이라, 말하자면 JC08모드 같은 것이기 때문에, 거기서의 280g은 훌륭하다고 밖에 달리 말이 필요 없다. 다음 시즌 이후의 연비규제로 F1 엔진이 어떻게 될까, 상당히 흥미롭다.

여러 가지 특집기사 구성의 윤곽이 잡히던 시점에서

이다교수의 말이 생각났다.

「그리고 말이죠, 마키노씨. 열효율에 대해 이야기하려면 열손실, 냉각손실의 정체도 논하지 않으면 안 됩니다. 표리일체의 관계이기 때문이죠」

음, 이 부분은 다음으로 넘긴다. 카르노 사이클이나 실린더 벽면온도 스윙(Swing) 이야기를 한 번에 하는 것은 무리이기 때문이다.

이런 것들을 생각하고 있던 다음 날, 전에는 세라믹 엔진에도 관여했다는 분을 만났다.

「최적 단열화라는 표현을 사용하는 경우가 있습니다. 예를 들면, 디젤엔진의 피스톤을 알루미늄에서 철로 바꾸면, 철의 낮은 열전도율에 의해 열효율이 향상된다는 것이죠. 바꿔 말하면 냉각손실이 줄어든다는 이야기인 셈입니다」

그리고 보니 어디선가 들은 기억이 있다….

「세라믹 엔진 연구가 시들해지는 시점에서는 『해봐야 헛일이지』하는 분위기가 만연해 있었습니다. 하지만 현재의 해석기술을 사용해 한 번 더 해보면 어떨까 하는 생각이 듭니다. 최신 연료제어 계통이나 스윌 기술을 사용해 정말로 아닌 것인지를 검증해 보는 것도 좋다고 생각합니다. 호기심이 기술을 키워왔으니까요」

호기심은 기업 안에서 발목을 잡히고 있다.

「예? 왜 세라믹 엔진을 연구했냐는 겁니까? 극한의 세계를 들여다보고 싶었기 때문이죠(웃음)」

마지막으로 취재를 위해 인터뷰 한 사람은 내 친구였다. 그는 선반 업계에 있다.

「밀러나 애트킨슨이 등장한다는 자체가, 나는 오토

사이클의 지체현상이라고 생각해. 말기인 것이지. 가솔린엔진도 효율측면에서는 디젤엔진에게 싸움이 안 돼(웃음)」

계속해서 말한다.

「플러그 점화 엔진은 연소실 표면온도를 최대한 낮춰서 열이 작동가스 쪽으로 다시 되돌아가지 않도록 하고 있어. 과급을 해도 열면착화(熱面着火)가 일어나지 않도록 말이지. 디젤은 조금 더 온도를 높게 설정해 어느 정도 냉각수 쪽에서 작동가스로 열을 보내. 너무 보내면 그 만큼이 되돌아오기 때문에 가감을 하지. 연소실 내 벽면온도가 높으면 이 상호작용이 증가하는데, 선박은 이런 부분도 아주 중요해」

이런 이야기의 종착점은 단열엔진이고 차열엔진이다. 효율 이야기를 하고 있으면 반드시 여기로 귀착된다. 외부에서 보고 있다가 「대단하군」하고 느꼈던 사람들은 아직 세라믹 엔진을 잊지 않고 있다. 역부족이었다고 하면서도 잊지는 않고 있다. 역부족이었던 것을 기억하고 있는 것이다. 이것이야 말로 진보의 원천이다.

자동차 메이커의 엔진설계 부문 간부들은 모두 다가 「가솔린엔진으로 열효율 50%를 목표로 한다」고 이야기한다. 경자동차 세계에서는 모드연비 40km/ℓ 등과 같은 그림까지 언급하기에 이르렀다. 앞으로 20년간 자동차 연비가 훨씬 좋아질 것을 생각하면, 다음 20년도 기대가 된다. 우리들은 아직 내연기관과 함께 하지 않으면 안 된다. 저가격 연료전지차야 말로 아직 꿈같은 이야기이기 때문이다.

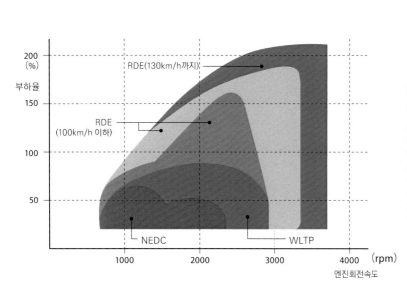

그래프 축 레이블: 부하율, 200(%), 150, 100, 50, 엔진회전속도, 1000, 2000, 3000, 4000 (rpm)

그래프 내 레이블: RDE(130km/h까지), RDE(100km/h 이하), NEDC, WLTP

배기가스 측정모드가 바뀌면 파워트레인 개발은 새로운 국면을 맞는다

이 그래프는 독일 엔지니어링 회사인 AVL의 자료를 토대로 필자가 추정한 것이다. 「정확하지는 않지만 터무니없지도 않은 자료」 정도로 봐주기 바란다. 현재 유럽에서는 NEDC(New European Drive Cycle)로 배기가스를 측정하고 있다. 그 결과가 계산에 의해 연비가 된다. 「이것으로는 현실과 동떨어져 있다」라는 의견 때문에, WLTP(World Light-duty Test Procedure)가 검토되고 있다. 여기에는 일본도 참가한다. 하지만 정말로 전 영역에서 배기가스를 깨끗하게 하려면 RDE(Real Driving Emission)이라는 개념이 아니면 안 된다. 각각의 운전영역을 그래프 내에서 겹쳐 보면 왼쪽 같이 된다.

연료와 연료전지

에너지에서 다음 방법을 생각하다

CO₂ 저감시대의 자동차 연료

「천연가스」의 점유율 상승

자동차 연료는 세계적으로 석유의존도가 높고, 가스계 연료의 점유율은 아직 낮다.
근래에 가스계 연료가 주목 받고 있는 이유와, 연료로서의 잠재력을 살펴보겠다

본문 : 마키노 시게오   사진 : BP/일본석유협회

가스전에서 산출된 천연가스는 액화를 통해
에너지 밀도를 높인 다음 배로 운반하든가,
기체 상태에서 파이프라인으로 운송하는 방
법을 통해 수요처로 운반된다. 근래에는 가
스자원을 위한 인프라정비가 활발하다.

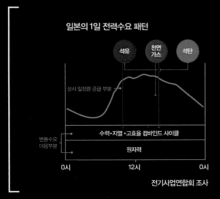

일본의 1일 전력수요 패턴

석유 천연가스 석탄

상시 일정량 공급 부문

변동수요
대응부분

수력·지열·고효율 컴바인드 사이클

원자력

0시   12시   0시

전기사업연합회 조사

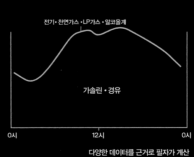

왼쪽 그래프를 자동차 활동으로 바꿔서 나타내면...

전기·천연가스·LP가스·알코올계

가솔린·경유

0시   12시   0시

다양한 데이터를 근거로 필자가 계산

좌측 그래프는 일본의 「어느 여
름날 하루」의 전력소비를 나타
낸 것이다. 낮 동안은 이용이 급
증하기 때문에 화력으로 보완한
다. 우측은 자동차 연료 사용을
시간대별로 추계한 그래프. 석
유계 이외의 점유율은 극히 낮
은데, 양쪽 그래프를 동시에 살
펴보면, 가령 원자력발전을 최
대로 가동시켰다 하더라도 EV
를 구동할 수 있는 전력 등이 거
의 없다는 것을 알 수 있다

세계 3대 에너지라고 하면 석탄과 석유 그리고 천연가스이다. 각각의 비율은 나라나 지역에 따라, 심지어는 그때그때의 조달가격 변화에 따라 움직이지만, 21세기 현재도 이 3대 에너지가 지구 인류의 생활을 지탱한다는 사실에는 변함이 없다.

일본에 있으면 보통 생활 속에서는 석탄이용을 떠올리기가 어렵지만, 산업용도까지 포함해 생각하면 아직까지도 사용량이 많다. 후쿠시마 원자력발전소 사고 이후, 일본의 원자력발전이 정지되었기 때문에 발전용도로서의 석탄이용은 증가하고 있다. 또한 세계적으로 보면 석탄을 액화해 사용하는 사례도 결코 적지 않다. 3대 에너지 중 한 자리를 지키는 데는 아직 흔들림이 없을 것이다. 원자력은 아직 신참이고, 수력은 극히 일부 지역적 이용에 지나지 않는다.

한편 자동차만 한정해서 보면, 대부분의 에너지 소비가 석유계열이다. 물론 나라나 지역에 따라서는 가스계열, 알코올계열의 점유율이 높은 국가도 있지만, 세계 전체로 보면 석유가 압도적으로 많고, 전기에 이르러서는 미미하긴 하지만, 제로라고 해도 지장 없는 점유율에 머무르고 있다. 일본은 알코올계열, 가스계열 둘 다 적은 편이고, 전기도 마찬가지이다.

예전 1970년대에 2번의 석유위기를 경험한 세계는 석유의존도를 낮추려는 노력으로 시선을 돌렸다. 중동에 편중된 석유자원에 깊이 의존하지 않는 것이 에너지 안전보장에도 도움이 되고, 만일의 경우에도 극심한 공포에 빠지지 않는 방법이라고 생각했기 때문이다. 하지만 일본은 제품 차원에서의 에너지절약 정도가 다른 나라보다 진행된 때문인지, 국가정책으로

서의 탈석유는 자동차분야에 전혀 적용되지 않았다.

또한 세계 전체가 석유의 안정적 고가 상황에 익숙해진 것도 사실이다. 과거 40년 동안의 원유가격 추이를 보면, 석유위기 당시의 원유가격 등은 정말로 쌌다는 것을 알 수 있다. 동시에 21세기에 들어오고 나서의 원유가격은 리먼쇼크라는 급락 요인이 있긴 했지만, 추이로 보면 급상승이다. 원래 같으면 탈석유 움직임이 활발해져도 이상할 것이 없다. 물론 현재는 미국 등에서 개발한 셰일가스나 오일샌드의 유통으로 인해 신저유가 시대를 맞고 있지만, 향후는 전혀 미지의 세계라고 할 수 있다. 에너지는 「어떤 일이 생길지 모르는」 것이다.

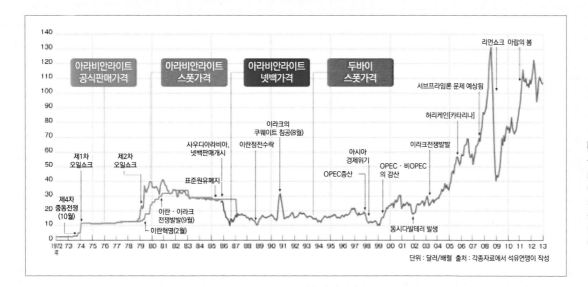

단위 : 달러/배럴 출처 : 각종자료에서 석유연맹이 작성

메이커에 따라 달라지는 미래도

80년대 후반부터 90년대 말까지는 원유가격이 오랫동안 안정적이었다. 뒤돌아보면 이라크-쿠웨이트 전쟁 때의 상승은 단기적이었다. 이때 일본은 다국적군에게 지불할 전쟁비용을 위해 경유거래 세금을 인상했다. 그에 비하면 이라크전쟁 후의 가격상승 경향은 「뜻밖의 수준」이라고 할 수 있다.

의외로 높은 석탄의존도
천연가스는 전체의 4분의 1

1차 에너지 소비가 많은 나라의 점유율을 석유연맹이 조사해 공개한 데이터. 천연가스 대국은 러시아이지만, 여하튼 미국도 셰일가스 대량증산이 예상되어 가스수출국이 될 가능성도 높다. 중동이 아니라 미국과 러시아가 에너지 안전보장의 열쇠를 쥐게 될지도 모른다.

일본은 균형이 잡혔었지만...

이 데이터는 동일본재난 전의 것으로서, 원자력발전율 제로인 현재는 원자력 점유율을 3대 에너지가 나누고 있다. 원자력발전 정지로 인해 EV보급 계획이 차질을 빚으면서, 발전용도의 천연가스 매입을 위해 일본은 3년 동안 70조 이상의 추가비용을 지불했다. 70조가 있었다면 뭐가 됐어도 됐을 것이다.

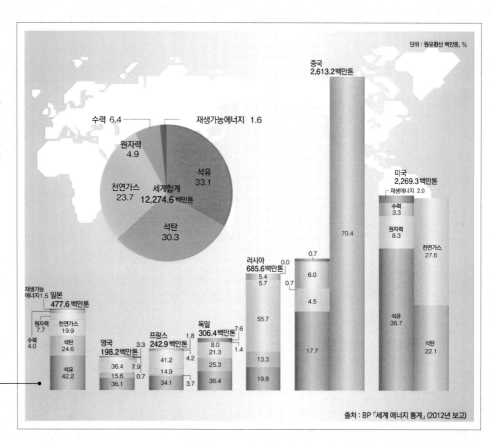

출처 : BP 「세계 에너지 통계」 (2012년 보고)

과연 일본은 어떻게 될까?

TOPIC 02

액체 일변도 해소를 위한 도전

마쓰다는 악셀라에 CNG사양을 설정하고는 유럽을 중심으로 일반 소비자들에게 판매하기 시작했다.
CO_2 (이산화탄소) 배출억제를 주시하면서 다양한 연료를 추구하는데 있어서 유력한 선택 중 하나이다.

본문 : 마키노 시게오   사진 : 야마가미 히로야/마키노 시게오

트렁크 룸에 CNG 탱크를 탑재

200기압(20MPa) 탱크는 용량 75ℓ. 이 위치가 분명 안전하긴 하지만, 수화물 수납용량이 상당히 축소된다. 아직 「개념」이고, 시작단계라는 것을 감안하면, 어쩌면 일본국내 도입도 예상하고 있을지 모르겠다.

CNG는 포트분사 가솔린은 실린더 내 분사

CNG 인프라가 갖춰진 장소에서는 CNG차량으로 사용한다. 물론 가솔린만으로도 주행 가능. 연료공급 계통을 따로 설치한 바이 퓨얼 차량이지만, 2연료혼합의 듀얼 퓨얼 차량으로서도 사용할 수 있다고 한다.

시판하게 되면 가스 주입구는?

보닛을 열었더니 차량 우측에 CNG주입구가 있다. 시판차량에도 이 위치에 있다면 가스를 공급하기가 불편하므로, 가솔린 급유구와 똑같은 위치로 이동될 것이다. 사각 박스 같은 것은 CNG계통의 ECU. 이것도 시판단계에서는 장소가 바뀔 것이 틀림없다.

악셀라 CNG컨셉트 카는 2013년의 도쿄 모터쇼에서 세계 최초로 공개되었다. 원래부터 압축비가 높은 엔진은 피스톤 링 장력이 강하기 때문에 가스연료화하기가 쉽다. 어쩌면 CNG사양은 HCCI차량의 기본일지도 모른다.

▲ Skyactive-CNG 2.0 (Concept)

일본에서 자동차 연료로 가스가 끼어들지 못하는 이유는 1960년대에 가솔린/경유의 인프라 정비를 우선했다는 점과 연료세제, 에너지 업계의 물밑 다툼 같은 것들이 배경에 깔려있다. CNG와 LPG(오토가스)는 출발지점이 다르고, 현재도 그 영향이 남아 있다.

CNG는 압축된 기체로서, 현재는 약 200기압으로 탱크에 충전된다. LPG는 6기압으로 액화하기(가스라이터용 가스와 동일) 때문에 CNG 같은 중장비 탱크가 필요 없다. 하지만 양쪽 모두 탱크가 자동차 부품으로 인정되지 않고 있기 때문에, 자동차 부품인증을 국제적으로 협조하는 협정 외에 방치되어 있음으로서, 차량과는 별도의 검사가 의무로 되어 있다.

고압가스 보안법에서는 「자동차 용기」로 불리면서 가스사업 용기로 취급된다. 이것이 가스차량 보급을 저해하는 최대 요인이다.

CNG탱크는 차량검사 때 외관검사와 가스누출 검사가 이루어진다. 하지만 ECE 기준을 충족하는 외국산 탱크를 국내법이 인정하지 않고 있기 때문에, 일본의 로컬 기준에 맞는 탱크로 교환하지 않으면 급유가 허가되지 않는다. LPG탱크는 6년마다 단독상태로 검사를 받아야 하기 때문에, 자동차에서 탱크를 떼어내

주요 자동차연료 비교

		캐릭터	비점(℃)	발열량(메가줄/kg) (HHV/LHV)	배출가스 잠재력	종합에너지효율 (WtoW)
가솔린		C(탄소)수 4~10인 탄화수소화합물. 고옥탄가(90~100 이상)에서 착화가 어렵다.	40~200	46.3 / 44.9	○ / ◎	14~15% → ○
경 유		압축자기착화하고, 열량은 가솔린과 거의 동등. 세탄가 40~55.	180~370	45.6 / 43.5	△ / ○	16~17% → ◎
CNG (천연가스)		CH_4(메탄)이 주성분으로, 고옥탄가(130). 불꽃점화와 압축자기착화 양쪽이 가능.	~161.5	54.7 / 50.4	○ / ◎	13~14% → ○
LPG (액화석유가스)		C_3H_8(프로판)와 C_4H_{10}(부탄)이 있다. 옥탄가 95~125로 가솔린과 비슷하다.	-42~0	50.4 / 46.4	○ / ◎	13~14% → ○
DME (디메틸에테르)		자연계에는 존재하지 않는 합성연료. (CH_3OCH_3)세탄가 55~60으로 높다.	-25	31.9 / 29.0	◎	10~11% → △
GTL(100%) (Gas To Liquid)		DME와 마찬가지로 천연가스나 석탄에서 합성되는 연료. 세탄가 약 80으로 높다.		47.1 / □	◎	0~10% → △
바이오에탄올		식물이나 폐식용유를 원료로 하기 때문에 재생가능자원이지만, 현실적인 문제도 갖고 있다. 압축자기착화 엔진에 바이오 디젤을 사용하는 경우는 원액(100%)사용은 어렵다.	78.5	29.7 / 27.0	◎	□ ?
바이오디젤				37.9 / □	○	□ ?
수 소		궁극의 연료. 무한히 존재하지만, 제조할 때는 에너지가 필요		----	★	□ ○?

※ 경제산업성 「차세대 저공해차의 연료 및 기술 방향성에 관한 검토회 보고서」등을 토대로 대학이나 연구기관에의 취재를 반영해 마키노 시게오가 작성
※ 발열량은 게이오의숙대학·이시타니 히사시교수의 계산에 따름.
※ 배출가스 잠재력은 마키노 시게오의 개인채점에 따름. 종합에너지 효율은 각종문헌 및 취재를 바탕으로 마키노 시게오가 판정한 것임.

스페어타이어와
동일 사이즈의 탱크

가스차량 선진국인 네델란드에서 발견한 LPG탱크는 스페어타이어 수납공간에 들어가는 것이었다. 엔진개조 키트와 함께 판매되며, 통상적인 가솔린 차량을 바이 퓨얼화한다. 이 탱크는 현대에서도 사용하고 있었다.

가스용기마저 인정하지 않는다면…

국토교통성이 소유하고 있던 연료전지 패트롤카의 수소 보급. CNG용보다 더 고압에 견딜 수 있는 풀 콤포짓 제품 탱크를 탑재. 기체연료에 거는 기대와는 반대로, 일본에서는 가솔린/경유 이외의 차량탑재 탱크를 자동차 부품으로 보지 않는 현상이 있다.

검사하고 밸브를 교환해야 한다.

200기압의 CNG 탱크는 육안검사분인데 반해, 불과 6기압인 LPG탱크가 분해검사라는 것도 이치에 맞지 않는다. 다만 2013년에 개선이 이루어져, 차량탑재 CNG탱크와 LPG탱크를 자동차부품으로 규정함으로서, 일본도 비준하고 있는 ECE규격을 받아들이기로 각의에서 결정되었다. 그 다음은 실무단계에서의 처리만 남았지만, 가스 충전소에서는 「계약차량 이외에는 가스를 팔지 않는다」는 입장이 관습이라, 아직도 가스 이용촉진까지는 갈 길이 먼 것이 현실이다.

과거는 과거로 치고, 새로운 규칙제정을 진행해야 할 것이다. 자동차 메이커에서는 혼다가 CNG차량의 제품구색을 가지고 있고, 마쓰다도 유럽 등에서 판매하고 있다.

인프라와 법규가 정비되면 일본에서도 가스연료 차량이 보급될 수 있다. 이것도 에너지 안전보장의 한 방편으로, 위 표에서 보듯이 연료로서의 성질도 원래부터 뛰어나다

당연하게 받아들여지고 있는 멀티 퓨얼

연료가 골격설계를 바꾸는 시대

VW(폭스바겐)의 새로운 플랫폼은 모두 연료다양화를 감안한 설계이다.
가솔린 탱크와 내압용기가 한 대의 자동차에서 동거하는 광경은 이에 드문 일이 아니다.

본문 : 마키노 시게오   그림 : VW/아우디

◼ VW "MQB" Platform for multifuel

CNG 사양의 TSI 엔진과 연료탱크/CNG탱크를 탑재한 상태. 아우디의 CNG인 g-tron도 차체 쪽 메커니즘은 공통이다. MQB 도입에 맞춰 탑재엔진 사양이 통일되었다. 축간거리, 전장×전폭, 내외장 디자인은 모델별로 상당히 자유롭다. 이 플랫폼은 파사트 클래스의 미들 중형급까지 공유되고 있다.

연료계기의 우측과 좌측 표시

2종류의 연료를 장착한 사양에서는 인스트루먼트 내의 연료잔량계가 2개이다. 이 자동차는 가솔린 지침은 왼쪽, CNG는 우측이다. 어디까지나 주연료는 CNG로서, CNG 보급이 곤란한 경우에만 가솔린으로 주행하는 식이다.

up! 에 설정된 CNG사양

골프나 폴로보다 더 작은 보디인 up!에 탑재되고 있는 CNG 대응 엔진. 카탈로그에 표기된 배기량은 79g/km로서, 2개의 CNG 탱크를 장착하고 유럽모드에서 550km의 항속거리를 달성하고 있다. 이 사양은 카탈로그 모델로 준비되어 있다.

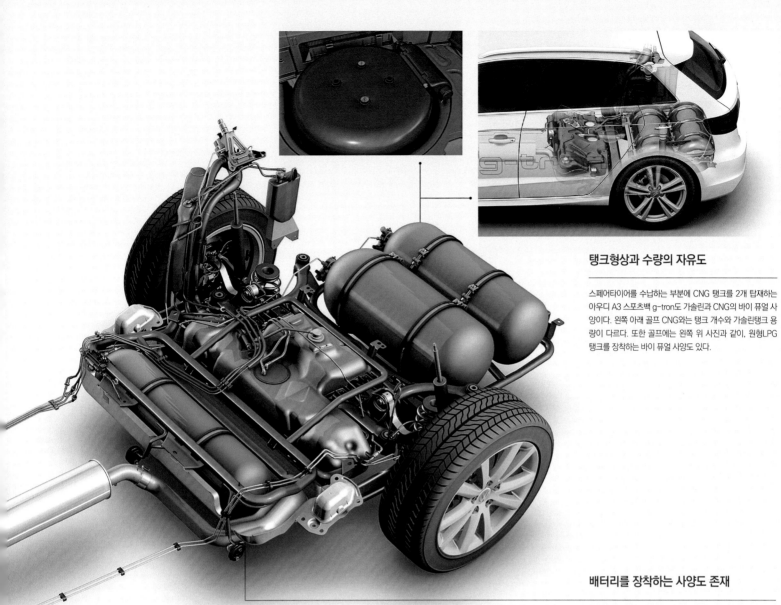

탱크형상과 수량의 자유도

스페어타이어를 수납하는 부분에 CNG 탱크를 2개 탑재하는 아우디 A3 스포츠백 g-tron의 가솔린과 CNG의 바이 퓨얼 사양이다. 왼쪽 아래 골프 CNG와는 탱크 개수와 가솔린탱크 용량이 다르다. 또한 골프에는 왼쪽 위 사진과 같이, 원형LPG 탱크를 장착하는 바이 퓨얼 사양도 있다.

배터리를 장착하는 사양도 존재

전동인 경우는 이 위치에 배터리가 탑재된다. 만약 골프나 아우디 A3, 파사트 같은 모델에 레인지 익스텐더 방식의 플러그인 HEV가 준비된다고 한다면, 연료탱크는 이 상태에서 소량의 배터리와 조합하게 된다. 한편, 이 사진의 사양은 공간을 최적화하기 위해서 3가지 탱크의 형상을 모두 다르게 만들었다.

주력차종인 골프를 비롯해 아우디 A3 등과 같이 VW(폭스바겐) 그룹의 중추에 위치하는 플랫폼이 MQB이다. 앞 축 중심과 페달과의 거리만을 규정하고, 그 이외의 치수에는 자유도를 갖게 한다는 설계방식이 특징이다. 파워플랜트 탑재 경사각 및 위치도 동일하게 함으로서, VW은 가솔린/디젤/플러그인HEV/전동/CNG/바이 퓨얼LPG/플렉스 퓨얼(에탄올) 같은 파워플랜트를 상정하고 있다고 했다.

핵심은 리어 플로우의 설계이다. 뒷자리 직전에서 바닥 면이 위로 올라간 부분부터 차량 후단(後端)까지, 스페어타이어를 수납하는 바닥 아래 부분을 포함해 다양한 연료에 대응하도록 설계되어 있다. 통상은 가솔린/경유의 연료탱크만 수납하지만, CNG차량과 LPG차량에서는 원통형 탱크가 여기에 설치된다. 어떤 형상이나 용량의 탱크를 장착할지는 케이스 바이 케이스이다. 또한 전동 차량의 경우는 이 공간에 2차전지(배터리)를 수납한다. 무엇보다 이 밑바닥 방식은 이전부터 유럽에서는 가스차량의 표준이었다. 바닥 아래 공간에 맞는 직경의 소형 가스탱크를 2~4개 장착함으로서 나름대로 항속거리를 확보하고, 대개의 경우는 가솔린탱크도 남겨 바이 퓨얼 사양을 하고 있었다. ECE(국제연합 유럽경제위원회)규정에서 이런 가스용기는 차량탑재 부품으로 간주함으로서, 특별한 검사는 하지 않도록 정해졌다. 그 때문에 탱크를 바닥아래에 장착하는 것이 가능했다.

앞 페이지에서 언급했듯이, 일본은 개별 가스용기 검사가 있기 때문에, 검사하기 쉬운 장소에 배치하는 것이 좋다. 그래서 바닥아래에 배치할 수 없다.

일본 자동차 메이커가 가스계열과 액체계열의 바이 퓨얼/듀얼 퓨얼 차량에서 멀어져 간 것은 기술적 측면에서도 마이너스이다. 다만, 치명적인 마이너스는 아닐 것이다. 일본 차량의 플랫폼도 차세대에서는 멀티 퓨얼 대응으로 옮겨갈 것이라 생각된다.

이 끝에는 FCEV(연료전지 자동차)가 있다. 정말로 FCEV가 보급단계에 들어갈 때는 통상의 엔진 차량과 플랫폼을 공유하게 될 것이다. 아마도 그 때가 진짜 의미에서 멀티 퓨얼 플랫폼의 등장이 될 것이다. FCEV 양산이 그리 멀지 않은 미래라면 지금부터 고찰해 두는 것이 좋다. 이미 멀티 퓨얼은 당연하게 받아들여지고 있고, 자동차 선진국 가운데 일본만이 이례적으로 선택폭이 좁다는 것을 행정부가 인식해야 할 때가 왔다.

TOPIC 04

CNG 엔진을 통해 저온연소에 도전

연소온도를 낮게 하면 엔진의 열효율은 개선되지만, 연소온도가 내려가게 된다.
이 이율배반을 극복하기 위한 수단으로 개발된 것이 전에 본 적이 없는 엔진이었다.

본문 : 마키노 시게오

● Dedicated EGR Engine by KEIO University

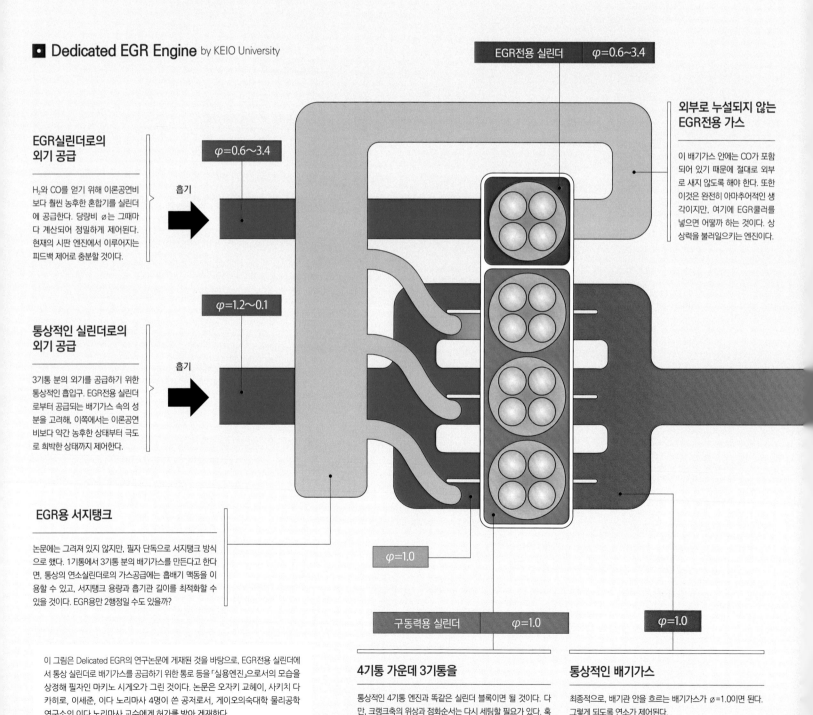

EGR전용 실린더 $\varphi=0.6\sim3.4$

EGR실린더로의 외기 공급

$\varphi=0.6\sim3.4$

흡기

H_2와 CO를 얻기 위해 이론공연비보다 훨씬 농후한 혼합기를 실린더에 공급한다. 당량비 ø는 그때마다 계산되어 정밀하게 제어된다. 현재의 시판 엔진에서 이루어지는 피드백 제어로 충분할 것이다.

외부로 누설되지 않는 EGR전용 가스

이 배기가스 안에는 CO가 포함되어 있기 때문에 절대로 외부로 새지 않도록 해야 한다. 또한 이것은 완전히 아마추어적인 생각이지만, 여기에 EGR쿨러를 넣으면 어떨까 하는 것이다. 상상력을 불러일으키는 엔진이다.

통상적인 실린더로의 외기 공급

$\varphi=1.2\sim0.1$

흡기

3기통 분의 외기를 공급하기 위한 통상적인 흡입구. EGR전용 실린더로부터 공급되는 배기가스 속의 성분을 고려해, 이쪽에서는 이론공연비보다 약간 농후한 상태부터 극도로 희박한 상태까지 제어한다.

EGR용 서지탱크

논문에는 그려져 있지 않지만, 필자 단독으로 서지탱크 방식으로 했다. 1기통에서 3기통 분의 배기가스를 만든다고 한다면, 통상의 연소실린더로의 가스공급에는 흡배기 맥동을 이용할 수 있고, 서지탱크 용량과 흡기관 길이를 최적화할 수 있을 것이다. EGR용만 2행정일 수도 있을까?

$\varphi=1.0$

구동력용 실린더 $\varphi=1.0$

$\varphi=1.0$

이 그림은 Dedicated EGR의 연구논문에 게재된 것을 바탕으로, EGR전용 실린더에서 통상 실린더로 배기가스를 공급하기 위한 통로 등을 「실용엔진」으로서의 모습을 상정해 필자인 마키노 시게오가 그린 것이다. 논문은 오자키 교헤이, 사키치 다카히로, 이세준, 이다 노리마사 4명이 쓴 공저로서, 게이오의숙대학 물리공학연구소의 이다 노리마사 교수에게 허가를 받아 게재한다.

4기통 가운데 3기통을

통상적인 4기통 엔진과 똑같은 실린더 블록이면 될 것이다. 다만, 크랭크축의 위상과 점화순서는 다시 세팅할 필요가 있다. 혹은 3기통 엔진에 EGR전용의 소형 단기통을 장착하던가...

통상적인 배기가스

최종적으로, 배기관 안을 흐르는 배기가스가 ø=1.00이면 된다. 그렇게 되도록 연소가 제어된다.

내연기관의 열효율을 높이려면 매 사이클에 투입하는 연료를 줄이면 된다. 적은 연료로 일정한 연소압력을 얻을 수 있다면 연비는 향상된다. 이런 발상에서 탄생한 것이 희박연소이다. 또한 적용 연료로 연료밀도가 옅은 혼합기를 만들면, 연소온도가 내려간다. 이것은 실린더 벽면에 빼앗기는 열이 줄어든다는 의미이다. 따라서 열손실이 줄어든다. 이런 이유로 희박연소가 다시 주목받고 있다. 예전 90년대에는 극복하지 못했던 NOx(질소산화물)가 증가하게 되는 결점은 배기가스 후처리 기술의 발전을 통해 해결할 수 있다는 목표가 선 것이다. 지금 전 세계의 자동차 메이커나 엔지니어링 회사, 대학을 비롯한 연구기관에서 희박연소 연구가 진행되고 있다. 게이오의숙대학 이공학부의 이다 노리마사 교수는 일본 대학에서 HCCI(예혼합압축착화) 연구부문에의 제1인자이다. 이다교수를 중심으로 한 그룹은 연소온도를 극한까지 내리기 위한 수단으로서 희박연소에 주목하고 있다. 저온연소가 열효율 개선에 유리하다는 생각 때문이다. 하지만 화학량론(이론공연비 : ø=1.0)에서 희박 쪽으로 옮겨감에 따라 화염전파속도가 떨어져, 목표로 하는 1800~1600K(켈빈)에서의 연소에서는 10~20cm/초나 걸린다. 이런 연소속도에서는 팽창행정에서의 피스톤 하강에 화염이 따라가지 못해

연소압력을 제대로 끌어낼 수가 없다. 동시에 화염이 중간에서 사라져버린다.

가솔린엔진에서 EGR(배기가스 재순환)을 이용할 때도, 이것과 똑같은 현상이 일어난다. EGR은 거의 불활성 가스와 같은 연소가스를 새로운 외기에 섞어 공급하는 방법으로서, 디젤엔진에서는 NOx를 줄이려는 목적으로 이용되지만, 가솔린엔진 같은 경우는 흡기가 스로틀로 제어되는 저부하 운전일 때 펌핑 손실을 방지하려는 목적으로 중요하게 다루어지고 있다. 하지만 EGR은 연소속도를 낮춰버리기 때문에 불꽃점화인 가솔린엔진에서는 EGR비율이 20%정도가 한계로 여겨지고 있다. 디젤엔진은 압축착화이기 때문에 그럴 염려는 없다. 연소온도를 높이지 않고 연소속도만 빨리하려면 어떻게 하면 좋을까. 그런 연구로 나온 것이 EGR가스의 성분을 세밀하게 제어하는 방법이다. 이다교수에 따르면, 가솔린엔진에서 EGR비율을 33%까지 늘려도 수소(H₂)를 넣으면 화염속도가 빨라지고, CO(일산화탄소)를 투입해도 그런 경향을 볼 수 있다고 한다. 그래서 연소온도를 낮추어도 연소속도가 떨어지지 않도록, EGR 안에 H₂와 CO를 공급하기로 했다.

문제는 어떻게 H₂와 CO를 얻느냐는 것이다. 배기열을 사용해 연료를 가열하고, 촉매를 통한 개질

로 얻을 수도 있지만, 이 방법으로는 사이클마다 H₂와 CO의 투입량을 제어할 수가 없다. 그래서 엔진 1실린더를 사용해 EGR을 위한 가스를 생성하는 방법을 선택했다. 4기통 엔진의 1기통을 여기에 충당해 초농후상태에서 연소시킴으로서, 배기가스 속의 H₂와 CO를 사용한다는 방법이다. 연료는 메탄 기반의 CNG를 사용한다.

시뮬레이션 결과, EGR전용 실린더에서의 H₂ 및 CO 생성을 정밀하게 제어할 수 있다는 것을 알았다. 통상적으로 연소시키는 실린더와의 당량비 제어도 맵 호출을 기본으로 하는 미세조정 피드백으로 가능하다고 한다. 전량을 EGR을 위해 공급하기 때문에 데디케이티드(Dedicated=전용의) EGR로 이름 지었다. 이것은 필자의 사견인데, dedicated에는 「헌신적인」이라는 의미도 있다. 앞 페이지 그림에서의 1번 실린더는 나머지 3기통에서의 저온연소를 돕기 위해 헌신적인 작동을 하고 있다고도 볼 수 있지 않을까. 이다교수에 따르면 이 시스템은 EGR용 실린더 1기통과 연소 실린더 1기통으로도 성립하고, 5기통 엔진에서 1기통을 EGR전용으로 해도 성립한다고 한다. 실제 시험엔진은 아직 제작하지 못했지만, 상당히 흥미로운 아이디어이다. 가솔린을 연료로 할 때는 보증대책이 필요하겠지만, 어쨌든 CNG전용 엔진으로서 완성될 모습이 기대된다.

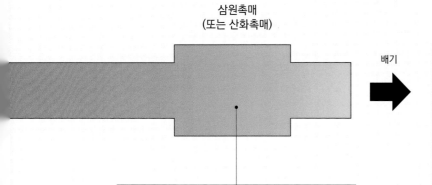

삼원촉매
(또는 산화촉매)

배기

어쩌면 산화촉매로 가능?

이 엔진의 특징은 H₂와 CO를 자가생성한다는 점에 있다. 외부에서 생성하면 비정상적인 것이 섞이기 때문에, 이치에 맞지 않는다. 또한 배기가스가 「보통」으로 나오기 때문에 가솔린엔진의 삼원촉매를 그대로 유용할 수 있다. 메탄연료 같은 경우는 NOx 발생이 거의 제로이기 때문에 산화촉매로도 가능할지 모른다. 다만, 연소온도가 낮기 때문에 CO와 HC가 생성된다.

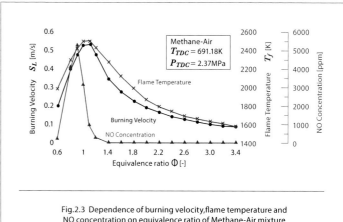

Fig.2.3 Dependence of burning velocity, flame temperature and NO concentration on equivalence ratio of Methane-Air mixture

화염전파속도 및 연소온도와 공연비의 관계

세로축은 연소속도, 세로축의 적색글씨는 화염온도, 가로축은 당량비 ø(1.0이 화학량론). 청색선은 질소산화물의 생성량의 변화. 연소속도는 이론공연비보다 약간 농후(연료가 농후한 상태)해졌을 때 가장 빠르고, 화염온도 이것과 같은 경향을 나타낸다. 화염온도를 1800K 부근까지 내리려면 엄청나게 희박(Lean)한 혼합기로 만들 필요가 있는데, 그럴 때는 연소속도가 아주 느려진다는 것을 알 수 있다. 매초 20cm의 화염전파에서는 피스톤이 하강함에 따라 실화가 일어난다.

연구자들은 차세대 엔진을 위해 어떤 연구를 하고 있을까. 그것을 들으러 게이오의숙대학 이공학부의 이다연구소를 방문했다. 필자는 지금까지 몇 번이나 이다교수를 취재했었는데, 이 책 102~103페이지에서 소개한 Dedicated EGR에 대해서도 전에 이야기를 들은 바 있다. 이 엔진은 2013년 11월 26일에 개최된 제24회 내연기관 심포지움에서 발표되었다. 만약 오토 사이클에서 EGR비율 33%를 실현했다면, 그것만으로도 획기적인 것이다. 그것과는 별도로, 일반론으로서의 차세대 엔진 개발에 대해서도 이다교수에게 들어보았다. 특히 HCCI이다. 2013년 말, 마쓰다는 스카이액티브 엔진의 다음 수단으로 HCCI를 투입하겠다는 의사를 밝혔다. 이것도 실현이 되면 획기적

인 일이다. 지금까지 HCCI 연구를 계속해온 이다교수는 과연 HCCI 엔진의 실용화를 어떻게 보고 있을까.

※　　　※　　　※

마키노 : 일본 자동차 메이커에서 엔진개발을 책임지고 있는 분들에게 미래의 목표에 대해 물어보면, 마치 입이라도 맞춘 것처럼 「열효율 50%」라는 대답이 돌아옵니다. 「40%는 눈앞에 있는 목표이고, 그 다음에는 당연히 50%라는 목표를 들지요」하고 말이죠. 이다교수님은 어떻게 생각하십니까?

이다 : 저도 마찬가지입니다. 열효율 50% 도달을 목표로 하고 있지요. 하지만 그리 간단히는 안 될 것입니다. HCCI는 저의 필생의 작업 같은 것이기 때문에 「안 된다」고는 할 수 없지만, 그렇다고 「된다」고도 할

수 없죠. HEV는 점점 가격이 하락해가고 있지만 아직 미숙한 부분도 많습니다. 차량 전체의 에너지 효율향상을 위해서는 세밀한 부분에서의 연료 절약을 철저하게 해줄 필요가 있습니다.

마키노 : 여기는 됐어, 어쩔 수 없지… 이런 영역을 놔두지 않겠다는, 어쨌든 손을 떼지 않겠다는 것이군요.

이다 : 이론공연비 연소와 EGR(배기가스 재순환)만으로는 50%까지 못 갑니다. 아마도 기술흐름은 초 희박 연소(Super Lean-Burn)일겁니다. 이때 가장 장애가 되는 것이 점화와 안정적인 연소입니다. 혼합기가 희박한 상태에서 매 사이클마다 확실하게 점화 시킬려면 플라즈마(Plasma)나 마그네트론(Magnetron) 또는 레이저빔을 사용하는 점화수단이 유효합니다.

Illustration Feature
Powertrain NEXT MOVE

EPILOGUE

열효율 50% 실현을 위해

우리들이 해야 할 일은…?

본문&사진 : 마키노 시게오

마키노 : 예전 90년대에 일본 자동차 메이커는 가솔린 실린더 직접분사 희박연소로 세계적으로 기선을 제압했었는데, 문제는 NOx(질소산화물) 배출이 늘어나는 것이었습니다. 현재라면 NOx를 후처리할 수 있는 장치가 있습니다. 그 점이 90년대와는 틀린 것 같은데요.

이다 : 그렇습니다. 산화촉매를 사용하든가, NOx를 흡장하는 촉매를 사용해 이론공연비 연소 때의 배기가스로 환원하는 것이 가능하죠. 당연히 환원할 때도 연료를 최대한 절약해야 하므로 일정속도로 순항할 때는 이론공연비는 사용하지 않고, 감속으로 들어가 연료를 차단할 때만 한 순간 연료를 분사함으로서, 스로틀을 약간만 열어 적은 공기량으로 이론공연비 연

소시키는 등의 방법이 있습니다. 세세한 기술을 이것저것 사용해 대처하고, 거기서 절약할 수 있는 연료를 축적해 나가지 않으면 50%는 무리입니다. 압축비를 높인다든가 희박(Lean) 연소를 시킨다든가, 감속할 때의 에너지 회생 등, 개별 기술을 몇 개든 조합해 그 총합으로 열효율 50% 달성에 도전할 필요가 있습니다.

마키노 : HCCI도 그렇습니까? 단독으로는 안 되고 조합기술이 필요할까요?

이다 : 물론입니다. 5년 동안만 해도 엔진의 잠재력은 향상되었습니다. HCCI로만 한다고 해서 단순히 연비가 좋아지는 것은 아닙니다. 똑같은 비용을 들인다면 HCCI보다 HEV 쪽이 장점이 크다고 판단하면 거기서

지는 것입니다. 현재 상태에서는 모든 영역의 HCCI는 무리이기 때문에 그 영역을 어떻게 확장해 나갈지가 일단 요점입니다. 예를 들면, 통상적인 엔진에서도 운전자가 감속하다가 갑자기 가속으로 옮겨가는 순간, 어떻게 연료를 절감하면서 응답성도 확보할 것인지를 생각해 연료를 제어하고 있습니다. 운전영역 구석구석까지 신경을 쓰고 있는 현재의 엔진에 대해, HCCI 엔진으로서의 장점을 제대로 발휘해야 하는 것이죠. 경쟁이 점점 심해지고 있기 때문에, 가격이나 튼튼함을 포함해 HCCI엔진이 양산에 이르기까지의 장애물이 이전보다 많아지고 있습니다.

마키노 : 확실히 HCCI에는 찬반양론이 있습니다. 「투입하는 노력에 비해 장점이 적다」고 하는 사람도 있습

니다.

이다 : 원리적으로는 HCCI가 올바른 기술이라고 생각합니다. 지금부터 앞으로 가솔린엔진은 화염전파를 기반으로 하는 연소분만 아니라 예혼합 자기착화시키는 영역이 하나의 사이클 과정 안에서도 동거하는 방향, 즉 화염전파이기는 하지만 부분적으로는 압축자기착화라는 방향으로 나아가지 않을까 생각합니다.

마키노 : 엄청 나게 희박한 혼합기에 불꽃점화로 일부만 착화하고, 화염전파속도가 느린 곳은 자기착화로 보완해서, 전체적으로 연소온도를 낮추겠다, 이런 뜻인가요?

이다 : 그렇습니다. 열손실을 저감하기 위해 연소온도를 낮추는 것입니다. 실린더 벽면에서 냉각수로 빼앗

기는 열을 줄이는 상태까지 가지 않으면 장점이 없습니다. 화염온도를 적어도 1800K(켈빈) 정도까지 낮추지 않으면 열손실이 저감이 되지 않습니다. 하지만 그렇게 되면 정말로 화염전파가 어렵게 되죠. 그래서 자기착화시키는 HCCI 같은「화염전파에 의존하지 않는 연소수단」이 유효한 것입니다. 예혼합기가 멋대로 타주는 것이죠. 물론 연소에너지를 피스톤에서 잘 받아들이기 위해서는 TDC(상사점)를 약간 지난 시점에서 착화시킴으로서, 발열과 함께 피스톤이 내려가도록 자기착화 시기를 제어해야 합니다. 이것이 핵심입니다.

마키노 : 그래서 가령 연비가 좋아졌다 하더라도, 엔진의 응답성이 둔해지면 상품으로서 성립하지 않습니다. 비싼 돈을 지불하고 굼뜬 엔진의 자동차는 타고 싶지 않은 거죠(웃음).

이다 : 말씀대로입니다. 같은 행정 체적끼리 비교하면, HCCI 운전은 연료가 원래부터 적을 뿐만 아니라 심지어 EGR을 건 부분부하에서 피크 토크(Peak Torque)를 확보하는 것은 어려워집니다. 그렇기 때문에 모드 변환이 필요한 것입니다. HCCI 운전과 통상적인 운전을 부드럽게 전환해 가속에 따른 숨고르기나 가속페달 조작에 대한 더딘 반응, 소음·진동 같은 것을 운전자가 느끼지 못하도록 만들어야 합니다.

마키노 : 그런가요, 소음도 납니까?

이다 : 지압선도(指壓線圖) 상의 움직임이 HCCI 정도가 되면 바뀌기 때문에, 소음도 바뀝니다. 같은 출력

현재의 시판차용 내연기관은 디젤엔진에서도 열효율 40%에 미치지 못한다.
가솔린엔진(오토사이클)에서는 30% 이하이다.
그런데 요구되고 있는 것은 모드운전 내에서의 효율뿐만 아니라 전체 영역에서의 효율이다.
장래, 열효율은 어디까지 개선될 것인가.

「아무리 작은 것도 놓치지 않아야죠. 엔진은 종합적인 승부입니다」

게이오의숙대학 이공학부 시스템디자인공학과 이다 노리마사 교수
Professor, Dr. Norimasa IIDA

에서 통상 연비와 비교하면 알 수 있죠. 운전자는 고출력에서 소음이 나는 것은 용인하지만, 저출력의 HCCI 운전 때 소음이 나면 위화감을 느낍니다. 그것을 어떻게 하느냐가 관건인 것이죠.

마키노 : 시판 제1호 HCCI는 평가가 안 좋다는 것이 정설로 받아들여지고 있습니다. 아마도 마쓰다가 세계 최초로 해주리라 기대하고 있습니다만, 졸속으로 만들어진다면 세계 최초라는 타이틀 등은 버려야 한다고 생각합니다. 그래서 그 다음의 커다란 행보는 수소가 될까요?

이다 : 수소사회는 비교적 빨리 찾아오는 것이 아닐까 하는 생각도 듭니다. 인프라 정비에는 투자가 필요하지만, 전력공급이 과도할 때 물을 전기분해해 수소를

만들고, 그것을 모아두는 에너지 저장창고로서도 수소를 활용할 수 있습니다. 게다가 FCEV는 내연기관과는 반대로 부분부하에 강합니다. 고출력일 때 내부 저항이 증가하는 점만 개선하면 재미있을 겁니다.

마키노 : 2차전지는 생각한만큼 성능이나 가격이 개선되지 않고 있네요. FCEV도「시판된다」고 미디어에서 보도하고 있기는 하지만, 시판이라는 수준은 동일 클래스의 자동차와 비교했을 때 가격경쟁력이 따라주는 상태를 말하는 것이라고 개인적으로 해석합니다.「환경 무드」「지적(知的) 무드」를 플러스하고는, 많은 소비자가 사지 않을 정도의 가격으로 소량 시험판매나 리스로 시판해서는 안 되지 않을까요.

이다 : 냉엄하시네요(웃음).

마키노 : 메탄 하이드레이트는 어떤가요?

이다 : 현재 상태에서는 메탄 광맥까지 우물을 파야 하는 상태라, 이용할 수 있는 에너지로서는 아직 멉니다. 수소보다 더 미래가 아닐까 합니다.

마키노 : 그렇기 때문에 지금의 가솔린과 경유를 더 잘 활용해야 한다는 것이군요. 개인적으로는 Dedicated EGR 엔진의 시험운전 성공, 나아가 그 다음의 실용화를 기대하고 있습니다.

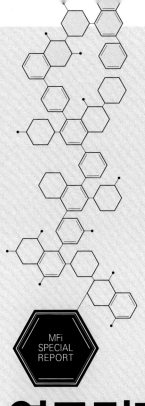

연료전지는 세계를 구할 것인가?

FCV가 「하이브리드」와 같이 대중적인 존재가 되기 위해

도요타 미라이의 발표발매와 함께 갑자기 주인공 같이 부각된 연료전지 자동차.
과제가 많긴 하지만, 하여튼 시판차로서 누구나가 구입할 수 있게 된 의의는 크다.
대체 연료전지란 무엇일까. 보급을 위해서는 무엇이 필요할까. 다시금 FCV를 생각해 보겠다.

본문 : MFi

	고체고분자형태(PEFC)	인산형태(PAFC)	용융탄산염형태(MCFC)	고체전해질형태(SOFC)
원료	도시가스, LPG등	도시가스, LPG등	도시가스, LPG, 석탄 등	도시가스, LPG등
작동기체	수소	수소	수소, 일산화탄소	수소, 일산화탄소
전해질	양이온교환막	인산(燐酸)	탄산리튬, 탄산칼륨	안정화 지르코니아
작동온도	상온~약90℃	약200℃	약650℃	약1000℃
발전출력, 발전효율[LHV]	~50kW(35~40%)	~100kW(35~42%)	1~10만kW(45~60%)	1~10만kW(45~65%)
개발상황	실용화	실용화	연구단계	연구단계
용도와 단계	가정용, 소형업무용, 자동차용, 휴대용, 도입보급단계	업무용, 공업용, 도입보급단계	공업용, 분산전원용, 실증단계 (1MW플랜트 개발)	공업용, 분산전원용, 시험연구단계(수kW 모듈개발)

연료전지 시스템으로서 현실적인 것들이 표에 나타낸 4종류이다. 각각 작동온도나 시스템 질량 등에 특징이 있으며, 자동차용으로서는 고체고분자형태가 사용된다.
(출처:일본가스협회 「연료전지, 1~6 연료전지의 종류」)

연료전지 자동차(Fuel Cell Vehicle)는 안 된다고 하는 논조가 있다. 이유는 다양하다. 수소를 만들기 위해 필요한 에너지와 FCV를 달리게 할 때의 에너지를 저울에 달고, 어느 쪽이 유리한지, 수소를 압축적재하기 위한 에너지는 어느 정도인지 등과 같은 연료 조달 문제. 자유롭게 다니기 위해 필요한 충전설비 확충이라는 인프라 문제. 연료전지 자체의 가능성과 가격 문제. 시작차가 등장했음에도 또 관공서용의 플릿(fleet)차량이 발매됐음에도 불구하고, 이런 문제들을 포함해 좀처럼 자기 일처럼 생각되지 않고, FCV는 현실감이 떨어지는 특수한 자동차로서 취급되어 온 것 같은 느낌이다.

하지만 도요타가 그런 상황에 돌파구를 뚫었다. 전부터 도요타는 모터쇼에서 FCV 쇼모델을 출품해 왔는데, 드디어 시판차량으로 2014년 11월 18일에 「도요타 미라이」를 발표한 것이다. 한정적이긴 하지만 도요타보다 앞서 몇 년 전에 시판차량을 준비했던 혼다는 대항책으로 전날에 「FCV 컨셉」을 발표한다. 미디어들을 초청해 차세대 자동차의 새로운 한 가지 방법으로 연료전지와 FCV를 주제로 꺼내들게 되었다. 그리고 연료전지 자동차는 현실적인 자동차가 되어가고 있다.

그러나 차세대 자동차로서 1997년에 도요타 프리우스가 등장했을 때와 같은 해결책이 아직 없는 것은 확실하다. 자동차를 주행시키기 위한 연료보급이 언제든, 어디서든, 누구든지 간에 가능해야 하는 상황이 아니기 때문이다. 달리는데 필요한 에너지 조달에 애를 먹고 있다는 점에서는 배터리 EV(BEV)도 똑같은 상황이어서, 충전소 정비를 서두르고 있지만, 이쪽은 공급하는 것이 전기이기 때문에, 단순히 말해 설비만 갖추면 그 다음은 쓰기만 하면 되는 상태이다. 반대로 수소 충전소는 수소를 어떻게 만들지, 어떻게 운반할지, 얼마나 안전하게 충전할지와 같은 과제가 남는다.

FCV나 BEV, 시리즈방식 HEV 모두 최종적으로 휠을 구동시키는 것은 전기모터이다. 전원으로 FC/2차전지를 쓰느냐, 2차전지만 쓰느냐 하는 선택 문제가 지금의 차세대 자동차가 처해 있는 상황이다. 모터를 움직이기 위해 수소탱크와 FC스택을 탑재하고, 배터리를 병설하는 식의 기계구성에 대해 BEV나 ICEV(엔진차량)에 대한 압도적인 장점을 인정할 수 있을까. 엔진을 고효율로 운전할 수 있는 직렬HEV의 미래는 어떻게 될까. 가령 배터리 성능이 아주 좋아져 가격이 내려갔을 경우, 연료전지에 우위성이 있을까. 그리고 자동차 단독이 아니라, well to wheel 과정에서 환경에 대한 영향을 감안하지 않으면 안 된다는 것을 동일본대지진 이후에 일본인은 BEV를 놓고 강하게 의식해 왔다. 과연 수소를 이용한 연료전지에 환경우위성

이 있는 것일까.

그렇기는 하지만 FCV나 연료전지가 회자되면 이후에는 환경이 갖춰지리란 기대도 있다. 계란이 먼저냐, 닭이 먼저냐이다. 1세대 프리우스의 경우, 발매 당초에는 팔리면 팔릴수록 적자였다. 하이브리드라는 개념이 이해되고 안 되고를 떠나서 많은 사람들이 단어를 알고, 자동차가 보급됨으로서 THS(Toyota Hybrid System)는 성공을 거두고 있다. FCV의 정착에는 많은 과제가 산적해 있지만, 결코 황당무계하지 않기를 꼭 기대해 본다.

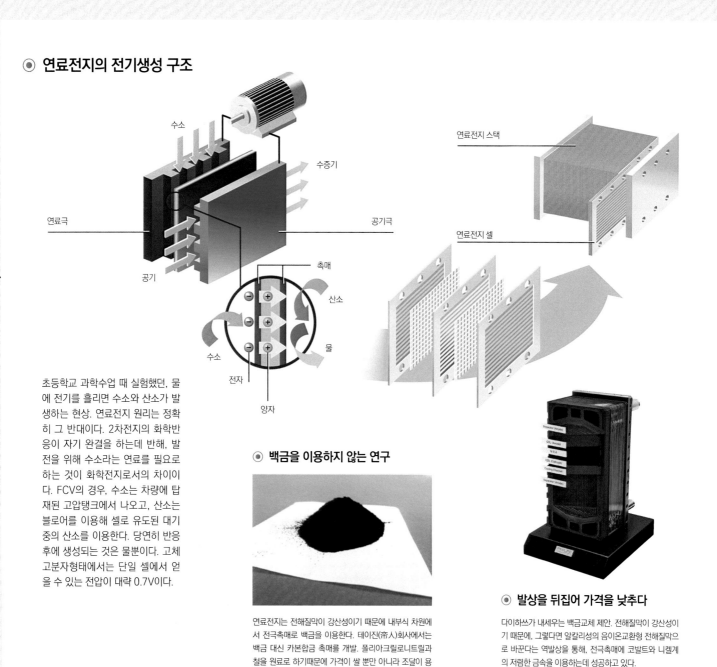

◉ 연료전지의 전기생성 구조

수소
수증기
연료전지 스택
연료극
공기극
연료전지 셀
촉매
산소
물
공기
수소
전자
양자

초등학교 과학수업 때 실험했던, 물에 전기를 흘리면 수소와 산소가 발생하는 현상. 연료전지 원리는 정확히 그 반대이다. 2차전지의 화학반응이 자기 완결을 하는데 반해, 발전을 위해 수소라는 연료를 필요로 하는 것이 화학전지로서의 차이이다. FCV의 경우, 수소는 차량에 탑재된 고압탱크에서 나오고, 산소는 블로어를 이용해 셀로 유도된 대기 중의 산소를 이용한다. 당연히 반응 후에 생성되는 것은 물뿐이다. 고체 고분자형태에서는 단일 셀에서 얻을 수 있는 전압이 대략 0.7V이다.

◉ 백금을 이용하지 않는 연구

연료전지는 전해질막이 강산성이기 때문에 내부식 차원에서 전극촉매로 백금을 이용한다. 데이진(帝人)회사에서는 백금 대신 카본합금 촉매를 개발. 폴리아크릴로니트릴과 철을 원료로 하기때문에 가격이 쌀 뿐만 아니라 조달이 용이하다.

◉ 발상을 뒤집어 가격을 낮추다

다이하쓰가 내세우는 백금교체 제안. 전해질막이 강산성이기 때문에, 그렇다면 알칼리성의 음이온교환형 전해질막으로 바꾼다는 역발상을 통해, 전극촉매에 코발트와 니켈계의 저렴한 금속을 이용하는데 성공하고 있다.

쇼 모델이나 시작차로는 모습을 드러냈던
도요타의 연료전지 자동차.

쇼 모델이나 시작차로는 모습을 드러냈던 도요타의 연료전지 자동차.
하이브리드 일변도라고 생각되었던 도요타가 급하게 FCV에 본격적으로 뛰어들었다.
연료전지라는 시스템도 차세대 형식 같은 경우는 몸에 걸치는 디자인도 기발하다.
도요타 미라이의 엔지니어링에 대해 개발진에게 들어보았다.

본문 : 세라 고타

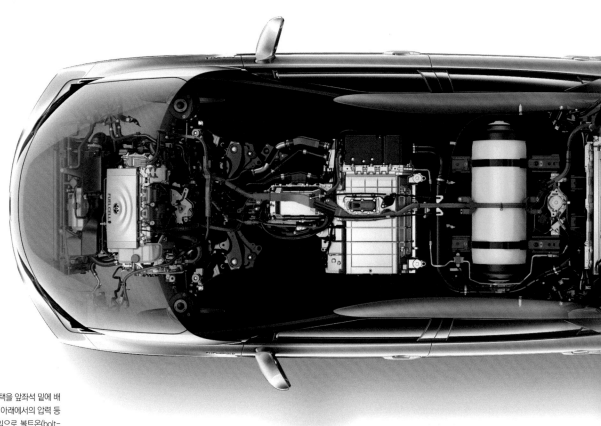

◉ 미라이의 기계적 배치구조

SUV에 비해 높이가 낮은 세단형임에도 불구하고, FC스택을 앞좌석 밑에 배치한 것이 패키징 상의 하이라이트이다. FC스택은 바닥 아래에서의 압력 등으로 충격을 받지 않도록, 열가소성 카본 파이버 프레임으로 볼트온(bolt-on)된 상태에서 보디와 강체에 체결되어 있다. 중량경감 효과와 동시에 비틀림강성 향상이 확인되었다고 한다.

도요타는 1992년부터 연료전지 자동차(FCV)의 개발을 시작하였다. 최초의 기본 차량은 RAV4이지만, 2002년부터는 크루거로 전환했다. 차량 모두 SUV형이다. 볼륨이 큰 자동차는 수소를 저장하는 탱크나 연료전지 같이 큰 장치들을 탑재하기 편리했다.

도요타는 양산 FCV를 개발하는데 있어서 세단형으로 만드는데 주력했다. 세단이야말로「고객을 불문하는 가장 평균적인 자동차」라는 판단 때문이지만, 세단으로 만들겠다고 결정한 시점에서 험난한 여정이 시작된다. SUV 같은 경우는 꽤나 높은 엔진이 아닌 이상 모터 구획에 FC스택을 배치하는 것도 가능했지만, 세단의 경우는 그렇지 않다. 달리 탑재장소를 찾는다 하더라도 소형화는 필수이다.

미라이가 장착한 FC스택은 2008년에 FCHV-adv가 얹은 스택 비율보다 2배 이상인 3.1kW/ℓ의 체적 출력밀도를 달성하면서 대폭적인 소형화를 이루고 있다(체적64ℓ→34ℓ. 즉 중량은 108kg→56kg). 신구 스택을 조금 더 세밀하게 비교하면, 구 스택은 엔드 플레이트와 스프링으로 200개의 셀을 체결했었지만, 370개의 셀을 묶은 새로운 셀은 스프링을 없앤 상태에서 체결할 수 있는 구조로 만듦으로서, 부품점수 절감을 통해 소형·경량화나 비용 절약에 기여했다.

FC스택에서 빼놓을 수 없었던 가습기를 없앤 것도 신형의 특징이다. 연료전지가 효율적으로 발전하려면 (특히 반응초기), 어느 정도의 습기가 필요하다. 종래에는 가습기를 이용해, 연료전지의 반응에 의해 생성된 물을 재순환시켜 보급했었다. 한편, 미라이의 FC스택은 셀 내부에서의 물과 공기 흐름을 개선해, 물을 재순환시키지 않아도 되게 만들었다.

이런 여러 가지 소형·경량화(동시에 비용절감으로도 이어진다) 기술이 FC스택의 앞좌석 시트 아래 배치를 가능하게 한 것이다. 이 370개의 셀로 구성되어 있는 스택은 셀 1개에서 약 1V를 발생시키므로 스택 전체로 보면 370V가 출력된다. 미라이는 승압 컨버터를 이용해 이것을 650V로 높여서 사용한다.「승압」「650V」라는 말에서 연상되듯이, 주행 모터나 PCU는 현행 하이브리드 차량의 기술을 접목할 것이다. 승압을 하면 셀 개수를 줄일 수 있고, 고전압으로 구동하면 모터를 소형화할 수 있다는 이점도 있지만, 현재의 기술을 활용할 수 있다는 점을 빼놓을 수 없다. FCV의 본격 보급을 위해 가격 절감을 추진하는데 있어서는 분명 이치에 맞는 판단이다.

◉ 연료전지 스택&컨버터

안쪽으로 보이는 검은 박스 내부에 370매의 티탄제 셀(1매 102g)이 줄지어 있다. FCHV-adv의 셀은 스테인리스제(1개에 166g). 중량출력밀도는 구 스택의 0.83kW/kg에서 2.0kW/kg으로 향상되었다. 앞쪽으로 보이는 은색 박스가 승압 컨버터이다.

◉ 고압수소탱크

70MPa의 고압으로 수소를 저장하는 CFRP제 탱크 2개를 합친 용량은 122.4ℓ로서, 약 5kg의 수소가 들어간다. 라이너를 감는 방법을 개선함으로서, 사용하는 카본 파이버 양을 종래보다 약 40% 정도 줄여 경량화(동시에 가격 절감) 시켰다.

◉ 열교환기를 디자인으로 구현하다

FC스택은 적극적으로 냉각시킬 필요가 있다. 반대로 말하면, 온도 관리가 중요해서, 적정온도 이상이 되면 효율적인 발전이 안 된다. 때문에 툰드라급의 대형 라디에이터(마지막 열에 배치)가 필요. 「공기가 필수」라는 이미지를 그릴 스타일링에 반영하고 있다.

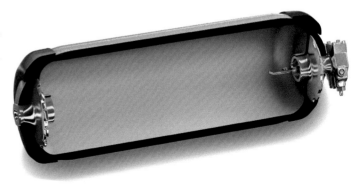

HONDA
▼
FCV CONCEPT
혼다 FCV 컨셉

연료전지 자동차를 먼저
발표한 자존감이 낮은 컨셉

FCX 클라리티로 선행하고 있던 연료전지 자동차에서,
혼다는 차기차량의 컨셉을 밝혀왔다.
파워플랜트를 작게 만듦으로서 더 사용하기 쉬운
차량으로 하려는 것이 특징이다.

본문 : 세라 고타

혼다는 2014년 11월 17일, 즉 도요타가 미라이를 발표하기 전날에 「수소사회를 향한 혼다의 대응설명회」를 열어 FCV 컨셉을 발표. 이 자동차를 기반으로 한 양산형 FCV를 먼저 일본에서 발매할 의사를 드러냈다. 일본에서 발매한 이후, 미국이나 유럽으로 확대해 나갈 예정이라고 한다.

미라이가 양산차인데 반해 FCV 컨셉은 어디까지나 컨셉트 카. 따라서 기술적 선행이 시야에 들어온 탓일까, 미라이가 FC스택을 앞좌석 밑에 배치하는데 반해, FCV 「연료전지 파워트레인을 세계 최초로 세단의 보닛 안에 탑재」한 것을 강조한다. FCV 컨셉은 연료전지 대신에 2차전지를 앞좌석 밑에 탑재하는데, 그 2차전지는 미라이가 니켈수소인데 반해 FCV 컨셉은 리튬이온전지를 채용했다. 즉 FCV가 2차전지를 장착하는 것은 회생한 에너지를 축적하기 위해서이다.

그것이 첫 번째 이유이고, 두 번째 이유는 연료전지 파워트레인의 시스템 효율을 높이기 위해서이다. FCV 컨셉이 어떤 제어를 하고 있는지는 명확하지 않지만, 미라이의 경우는 처음 주행은 2차전지의 전력을 이용해 모터를 구동하고, 차속 증가에 맞춰 FC스택 전력으로 전환하는 등으로 제어하고 있다.

미라이의 승차정원이 4명인데 반해 FCV 컨셉은 5인승이다. 미라이와 마찬가지로 스택전압을 승압하는 구조이지만, PCU에 SiC파워 반도체를 이용해 소형·경량화를 촉진하고 있는 것도 특징이다. 현재 보유 중인 하이브리드 차량의 기술을 조합해 만들어지고 있는 미라이에 반해, FCV 컨셉은 새로운 기술과 고사양의 기술, 전용기술을 적극적으로 적용하고 있는 것처럼 보인다.

◉ 엔진차량에 필적하는 주행거리

공기저항을 의식한 보디도 FCV 컨셉의 특징. 혼다가 개발 중인 연료전지 파워트레인은 「장래의 FCV 보급확대 시기에는 여러 차종에 적용하는 것이 가능」하다고 설명하고 있다. 70MPa인 2개의 고압수소 탱크를 뒷자리 아래와 뒷자리 등 뒤에 탑재. 주행거리는 700km 이상(미라이는 650km)이라고 발표.

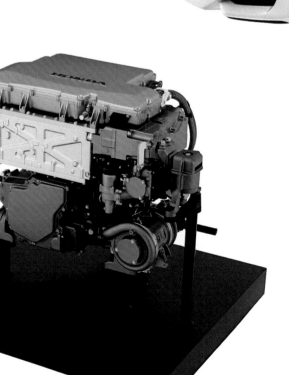

◉ 콤팩트하게 만들어진 파워트레인

FCX 클라리티에서는 센터 터널에 장착했던 FC스택을, 보닛 아래에 배치한 것이 패키지 상의 하이라이트이다. 체적출력밀도와 중량출력밀도는 종래에 비해 각각 2.0kW/ℓ→3.1kW/ℓ, 1.5kW/kg→2.1kW/kg으로 진화. FC스택의 체적은 종래에 비해 33%가 줄었다. 연료전지 파워트레인은 3층으로 구성되어 있는데, 최하단은 모터/기어박스/CPU/전동 콤프레서, 중간은 주로 FC스택, 최상단은 전압 컨트롤 유닛.

HONDA
FCX CLARITY
혼다 FCX 클라리티

신속하게 등록을 마친
시판형 연료전지 자동차

리스판매라고 하는 한정적인 형식이긴 했지만,
2008년에 시판이 시작된 FCX 클라리티.
수소를 이용하는 연료전지라는 기존에 없던 시스템은,
선진성을 강조하기에 충분한 요소를 갖추고 있었다.

본문 : 세라 고타

숙성되지 않은 기술이긴 하지만 FCV의 진화는 눈부시다. 2008년 시점에서 이것을 확인해준 것이 FCX 클라리티이다. 2006년 9월에 주행 테스트를 공개. 2007년에 미국에서 발표한 다음, 2008년에 일본에서 리스판매했다. 리스판매한 것은 FCV 클라리티가 처음이 아니라, 2박스 스타일로 만들어진 2002년 12월의 FCX가 최초이다. 일본 내각부와 로스엔젤레스 시청이 첫 납품처였다.

중형급 세단에 연료전지 파워트레인을 효율적으로 배치하기 위해 반드시 FC스택을 소형화해야 했다. 클라리티의 FC스택은 파형(波形)의 수소 및 산소유로를 누비고 나가듯이 냉매를 흘려 발전효율을 높이는 「V 플로」를 적용함으로서, 체적출력밀도에서 50%, 중량 출력밀도에서 67%를 향상시켰다. 대폭적인 소형·경량화를 달성한 것이다. 2003년에 개발한 연료전지 스택은 86kW의 출력에 66ℓ의 체적을 갖고 있었지만, 100kW의 출력을 발휘하는 FCX 클라리티의 FC스택은 52ℓ이다. 이렇게 소형화되면서 센터 콘솔에 장착하는 것이 가능해졌다. 나아가 소형화가 진행됨에 따라 FCV 컨셉에서는 센터 콘솔을 뛰쳐나와 보닛 아래로 옮겨간 점이 흥미롭다.

고압수소 탱크에 충전하는 수소압력은 35MPa. 2003년 개발품인 2개에서 1개로 통합한 탱크용량은 171ℓ로서, 후방 차축 약간 뒤쪽에 탑재한다. FCV 컨셉도 1세대 시빅에서 이용한 M/M(Man·Maxium/Mechanism·Minium) 사상을 인용해 패키징을 이야기하고 있는데, FCX 클라리티의 패키징도 M/M 사상의 연료전지차량 해석이라고 혼다는 설명하고 있다. 승차정원은 4명이다.

◉ 차량 센터에 들어가는 FC스택

종래(2003년형)의 FC스택은 2박스 구조였지만, FCX 클라리티에서는 1박스로 줄인데다가 소형화했다. 생성수(生成水)를 효율적으로 배수시키는 것은 계속되는 과제이다. 클라리티는 배수성을 17% 향상.

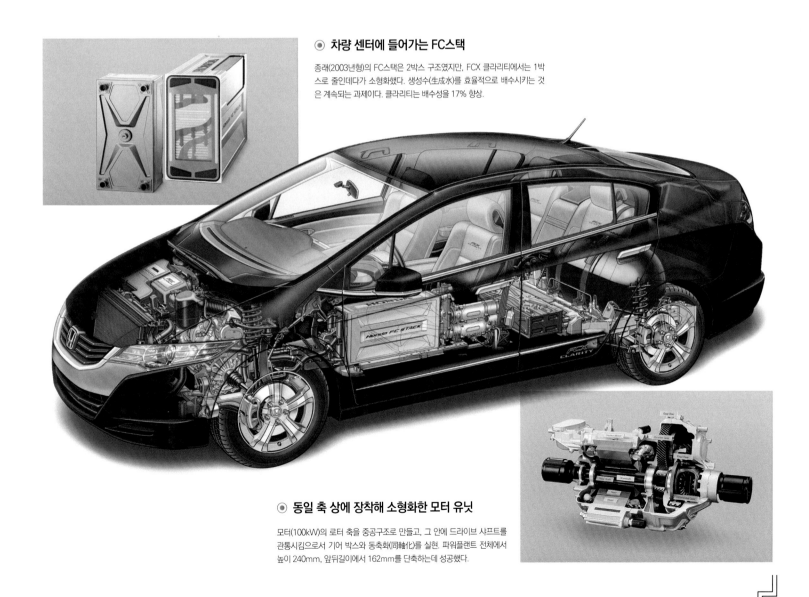

◉ 동일 축 상에 장착해 소형화한 모터 유닛

모터(100kW)의 로터 축을 중공구조로 만들고, 그 안에 드라이브 샤프트를 관통시킴으로서 기어 박스와 동축화(同軸化)를 실현. 파워플랜트 전체에서 높이 240mm, 앞뒤길이에서 162mm를 단축하는데 성공했다.

◉ 연료전지차량 2대를 비교시승해 보다

2014년산 연료전지 차량인 도요타 미라이와(판매개시는 2008년이지만 기술적으로는) 2006년산 연료전지 차량인 혼다 FCX 클라리티를 비교시승해 보면, 과거 8년 동안에 연료전지 자동차가 어떻게 진화했는지 느낄 수 있다. 수소와 산소의 화학반응은 금속 상자 안에서 조용히 이루어지기 때문에 그 반응을 직접적으로 느끼기는 힘들다. 달리거나 멈추어도 운전자가 체감하는 움직임에 크게 영향을 주는 것은 모터로서, 이에 대한 제어가 자동차의 성격차이로 나타난다. FCV라고 느껴지는 것은, FC스택의 반응에 필요한 공기를 끌어들일 때의 전동 컴프레서 작동음인데, 발산되는 소리를 어떻게 들리게 할지가 역시 자동차의 개성을 만드는 것 같다. (세라 고타)

◉ FCX 클라리티에 수소를 충전해 보다

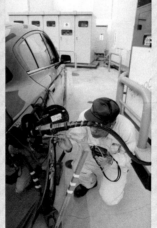

1. 충전에 앞서 차량운행상황을 확인하기 위한 서류가 필요. 이전 충전부터 상세한 기입이 요구되었다.
2. 서류 확인이 끝나면 드디어 충전개시. 덮개를 열었더니 금속제 척(Chuck)이 얼굴을 드러낸다. 이날의 수소잔량은 대략 탱크 반 정도였다.
3. 충전 호스를 연결하고 수소를 충전하는 동안은, 시종 수소가 누출되는 곳은 없는지 탐지하기 위해 테스터로 꼼꼼하게 차량과 장치를 계속 검사했다. 촬영 할 때 「너무 가까이 있으면 위험해요」하고 주의를 받았다.
4. 호스를 뺄 때는 약간의 힘이 필요. 대략 5분 동안에 2.061kg을 충전했다.

혼다에서 차를 받았을 때, 다행인지 불행인지 수소탱크의 잔량이 많지 않았다. 도요타에서는 가득 채워서 차를 건넸지만, 수소를 충전하는 등의 일도 일반적으로는 쉽게 가질 수 없는 기회이다. 마침 잘 됐다고 생각하면서 수소 충전소에 가 보기로 했다. 혼다기연공업 본사가 있는 아오야마에서는 가스가미세키나 아리아케가 가장 가까워서, 이번에는 고속도로를 이용해 JHFC 아리아케 수소 충전소로 향하기로 한다. 이 충전소에서는 액체수소와 압축수소 양쪽을 공급할 수 있는 액체수소 옥사이트 형(액체수소를 탱크로리로 운반해 와 탱크에 저장하는 시설) 충전소이다. 일본에서 액체수소를 공급할 수 있는 충전소는 이곳이 유일하다.

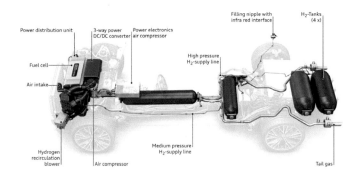

VW은 골프 SportWagen(왜건)과 파사트에 HYMOTION이라 부르는, 아우디는 A7에 h-tron이라 부르는 제4세대 연료전지 시스템을 탑재했다. 300셀 구조의 고체고분자형을 선택하고 있다. 70MPa 사양의 수소 탱크를 4개를 통해 주행거리 500km, 충전에 필요한 시간은 대략 3분이다. 파워플랜트에는 이미 발매가 된 e골프의 모터/변속기(100kW)을 이용한다. 골프의 경우, 0-100km/h에 도달시간은 10초.

GM/OPEL **HYDROGEN4** 오펠 하이드로겐4

2007년 프랑크푸르트 쇼에 등장한, 오펠 제4세대 연료전지 자동차. 복스홀 브랜드로도 내놓을 계획이다. FC스택은 440셀의 고체고분자형. 수소 탱크를 3개 장착하고, 70MPa 사양으로 4.2kg의 수소를 충전한다. 주행거리는 320km. 73kW의 모터를 이용해 0-100km/h 가속에 필요한 시간은 12초. 유럽차량답게 연료전지 가운데 취약한 분야인 -25℃에서의 저온환경에서도 운전이 가능하다.

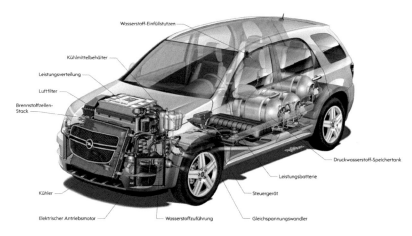

HYUNDAI **TUCSON Fuel Cell** 현대 투산FC

2014년 6월에 미국에서 1호차가 납품된 투산 퓨얼 셀은, 남캘리포니아에서 월499달러에 리스판매되는 연료전지 자동차. 고체고분자형 FC스택으로, 출력은 100kW. 리어 플로어에 장착한 2개의 수소탱크는 70MPa 사양으로, 5.64kg을 저장한다. 2차전지는 리튬폴리머 형식을 선택하고 있으며, 용량은 0.95kWh로 했다. 주행거리는 426km, 0-100km/h 가속은 12.5초, 최고속도는 160km/h 정도의 실력이다.

Mercedes-Benz **F-CELL** 메르세데스 벤츠 F셀

앞세대 B클래스의 차체를 이용해 시스템을 구축한 F-CELL. A/B클래스의 2중구조 플로어를 FCV에 유효하게 활용해 고압 탱크를 장착한다. 수소탱크는 70MPa 사양으로, 주행거리는 NEDC 사이클로 385km를 확보. 리튬이온 배터리의 출력은 35kW, 용량은 1.4kWh를 하고 있다. 모터는 100kW/290Nm. 최고속도는 170km/h.

Motor Fan
illustrated

Vol 1

친환경자동차

Vol 2

F1 머신
하이테크의 비밀

Vol 3

엔진 테크놀로지

Vol 4

하이브리드의 진화

Vol 5

트랜스미션
오늘과 내일

Vol 6

가솔린 · 디젤
엔진의 기술과 전략

Vol 7

튜닝 F1 머신
공력의 기술

Vol 8

드라이브 라인
4WD & 종감속기어

Vol 9

자동차 디자인

Vol 10

조향 · 제동 쇽업소버

Vol 11

전기 자동차 기초 &
하이브리드 재정의

Vol 12

신소재 자동차 보디

Vol 13

타이어 테크놀로지

Vol 14

자동변속기 · CVT

Vol 15

디젤 엔진의 테크놀로지